"十四五"职业教育
"特高"建设规划教材

逆向建模技术

宋新　主编　陈新宇　副主编

李真　　　　　杨晓雪

丁宾　审

U0320500

化学工业出版社
·北京·

内容简介

本教材以实际逆向工程项目和工作过程为载体，以生活中的常见物品及企业的部分产品作为案例，按照"项目驱动、任务引领"的编写模式，从数据采集、数据处理、逆向设计三个步骤具体介绍了逆向建模技术的操作流程，系统地讲述了逆向设计的思路与方法，重点突出逆向设计技术、技能的培养。为方便学习，每个案例均配备了大量的图片及视频演示，颇具实用性、示范性和可操作性。

本教材可供职业院校相关专业教学使用，也可作为相关企业职工培训的参考资料。

图书在版编目（CIP）数据

逆向建模技术／宋新，李真主编．—北京：化学工业出版社，2022.8
ISBN 978-7-122-41334-5

Ⅰ．①逆… Ⅱ．①宋…②李… Ⅲ．①产品设计–计算机辅助设计–应用软件 Ⅳ．①TB472-39

中国版本图书馆CIP数据核字（2022）第075382号

责任编辑：冉海滢 刘 军　　　　　　　　文字编辑：徐 秀 师明远
责任校对：边 涛　　　　　　　　　　　　装帧设计：王晓宇

出版发行：化学工业出版社（北京市东城区青年湖南街13号　邮政编码100011）
印　　装：北京科印技术咨询服务有限公司数码印刷分部
787mm×1092mm　1/16　印张13$\frac{1}{2}$　字数292千字　2022年9月北京第1版第1次印刷

购书咨询：010-64518888　　　　　　　　售后服务：010-64518899
网　　址：http://www.cip.com.cn
凡购买本书，如有缺损质量问题，本社销售中心负责调换。

定　　价：49.80元　　　　　　　　　　　版权所有　违者必究

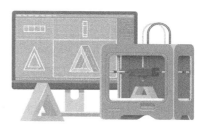

为贯彻落实《国家职业教育改革实施方案》《北京市人民政府关于加快发展现代职业教育的实施意见》《北京职业教育改革发展行动计划》，加强北京市特色高水平职业院校、骨干专业、实训基地（工程师学院和技术技能大师工作室项目）建设，在北京金隅科技学校的组织下，编写了本教材。

本教材按照项目驱动、任务引领的方式编写，以产品为对象，以产品逆向设计的流程"三维数据采集—数据处理—逆向建模设计"为脉络设计任务。所选取的产品有常见的生活用品汽车遥控器、节能灯、花洒等实物，也有企业产品齿轮、叶片、叶轮等模型，力求将项目案例生活化、真实化。为了方便学习，每个教学案例都按工作流程配备了大量实操图片及视频学习资源，读者根据自己的学习进度和需要可以进行有选择的自主学习。

本教材编写团队由一线骨干教师和企业资深技术人员组成。由北京金隅科技学校宋新、北京市自动化工程学校李真任主编，北京金隅科技学校陈新宇、北京工业职业技术学院杨晓雪任副主编。其中，李真负责项目一、五、八的编写和视频资源制作；陈新宇负责项目二、四、六的编写和视频资源制作；宋新负责项目三、七、九的编写和视频资源制作；杨晓雪负责项目十的编写和视频资源制作。宋新负责全书的统稿和视频的编辑工作，全书由北京金隅科技学校丁宾审校。本教材在编写过程中得到了北京安海科测试技术有限公司刘伟强、北京京西时代科技有限公司申国婷、北京机科国创轻量化科学研究院有限公司郭建东等企业专家的鼎力协助，在此一并致谢。

由于编者水平有限，书中难免存在不妥之处，敬请广大读者批评指正。

编者

2022 年 3 月

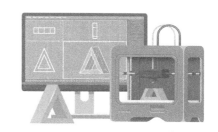

目录
CONTENTS

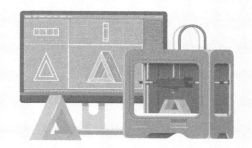

项目一
石膏头像扫描与逆向设计

项目
目标

知识目标

① 掌握石膏头像及工艺品扫描策略的制定方法；
② 掌握手持式扫描仪的扫描方法；
③ 掌握Geomagic Wrap软件的点处理的方法；
④ 掌握模型坐标系建立的基本方法；
⑤ 掌握Geomagic Design X 软件曲面分割与曲面修补的基本方法；
⑥ 掌握Geomagic Design X软件曲面建模的基本方法。

能力目标

① 能够合理制定石膏头像及工艺品的扫描方案；
② 能够正确使用扫描仪完成石膏头像数据的采集；
③ 能够正确地对石膏头像的采集数据进行预处理；
④ 能够正确地创建石膏头像的坐标系；
⑤ 能够正确地创建石膏头像的模型特征。

项目
导入

　　为了满足市场需求，制作不同大小的石膏头像工艺品，本项目对石膏头像进行扫描、收集数据，并完成逆向设计。要求采集数据完整、准确，特征清晰。

一、产品分析

该扫描模型为石膏头像，材质为白色石膏，高度大约为 1m，石膏头像的细节特征集中在头部，所以为了保证扫描时数据的完整性，采用多角度转圈扫描的方式，实时调整扫描角度，保证采集数据的完整性。

二、扫描策略的制定

1. 表面分析

本项目模型为石膏头像，材质是白色石膏，石膏头像的外形尺寸比较大，细节特征主要集中的头部，扫描时要求保证头部细节特征的准确性、整体特征的完整性。

2. 制定策略

石膏头像材质是白色石膏，无反光，无须进行表面处理。石膏头像的头部细节特征较多，且体积较大，采用多角度转圈扫描的方式，保证采集数据的完整性。

三、知识准备

（1）对齐向导　无须手动选择和定义坐标系几何形状，便可将对象面片与世界坐标系对齐。

（2）手动对齐　通过选择曲面点或从一个预定义坐标系转换为另一坐标系，从而简单便捷地对【3-2-1】对齐进行选择。

任务一

数据采集

一、扫描前的准备

（1）按照操作规范连接手持式扫描仪，在对石膏头像扫描前先对扫描设备进行标定，使其精度达到扫描要求。

（2）擦拭石膏头像，保证其表面干净整洁，如图1-1所示。

二、采集数据

完成扫描仪标定后，选择并激活其对应的型号，设置扫描参数，如图1-2所示。扫码观看视频1-1。

1. 石膏模型整体数据的采集

由于石膏头像体积比较大，所以直接放置在地面上。选择【扫描】按钮后开始扫描，扫描时手持扫描仪距离石膏头像的位置大约为

视频1-1
石膏头像数据采集

图1-1　石膏头像

图1-2　扫描数据

40cm。距离以指示灯呈绿色为宜。

2. 石膏模型细节数据的采集

调整扫描仪的角度，选择头特征，单击【恢复扫描】指令，捕捉头发、五官等细节特征。数据全部采集完成以后，将其导出，另存为 stl 格式。得到的扫描原始数据如图 1-3 所示。

三、扫描数据编辑

视频1-2
石膏头像数据编辑

使用扫描仪完成石膏头像两次扫描后，对数据进行编辑，主要是去除杂点，完成后如图 1-4 所示。将两次扫描数据进行合并操作后得到的数据图像如图 1-5 所示。扫码观看视频 1-2。

图 1-3　扫描原始数据

图 1-4　去除杂点后石膏头像

图 1-5　合并后
石膏头像

任务二
数据处理

应用 Geomagic Wrap 软件将扫描模型数据进行修复，使模型数据完整，获得多边形数据。

一、打开 Geomagic Wrap 软件

将"shigaotouxiang.stl"文件拖入界面，单位选择 mm，进入软件界面，如图 1-6 所示。扫码观看视频 1-3。

视频1-3
石膏头像数据处理

二、数据修复

在网格医生对话框（图 1-7）中，分别选择自动修复进行表面光滑处理，得到修复后的石膏头像数据图形（图 1-8）。

图 1-6　石膏头像面片文件　　　　图 1-7　网格医生对话框　　　　图 1-8　修复后的石膏头像数据

三、降噪处理

选择【多边形】菜单下的【平滑】命令中的【减少噪音】命令设置参数，如图 1-9 所示，得到表面更加光滑的石膏头像数据（图 1-10），图 1-11 为填充孔后石膏数据图像。

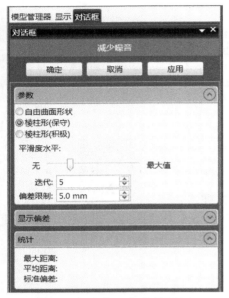

图 1-9　减少噪音参数设置

图 1-10　减少噪音后的数据图像

图 1-11　填充孔后石膏头像数据图像

四、填充单个孔

依次选择石膏头像中的孔，完成孔的填充。将数据保存成 stl 格式，以备后续逆向设计使用（图 1-12）。

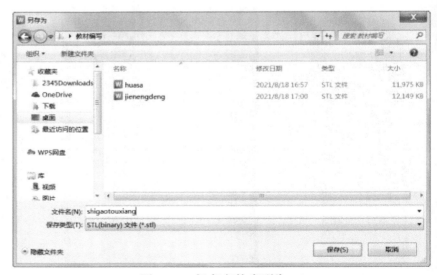

图 1-12　保存文件类型为 stl

任务三

逆向设计

一、导入数据

选择【菜单】—【导入】，弹出图 1-13 所示对话框，选择模型数据"shigaotouxiang"，导入数据，如图 1-14 所示。扫码观看视频 1-4。

图 1-13　导入对话框

视频1-4
石膏头像逆向设计

二、对齐坐标系

1. 选择平面

单击【智能选择】，选择图 1-15 所示平面 1，选择☑，结果如图 1-15（a）所示，重复以上操作，选择图 1-15 所示平面 2，完成后如图 1-15（b）所示。

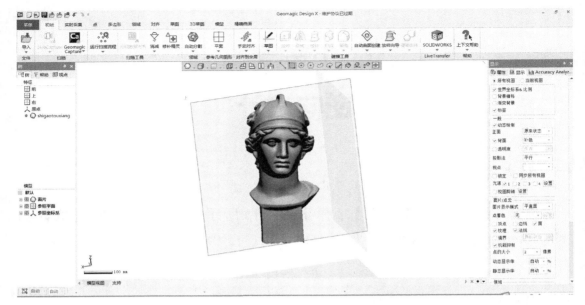

图 1-14 导入数据

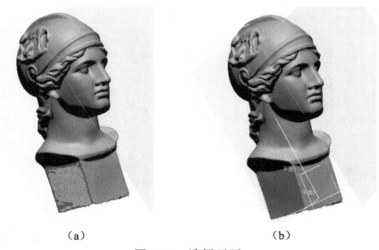

（a）　　　　　　　　　　　　（b）

图 1-15 选择平面

2. 手动对齐

选择 【手动对齐】，单击 ➡，进入下一步，【移动】选择【X-Y-Z】，X 轴选择平面 1，Y 轴选择平面 2 作为参考，单击确定完成坐标系的对齐，如图 1-16所示。

3. 选择模型图示位置

模型位置如图 1-17 所示。选择【平面】，单击【方法】中的【偏移】，如图 1-18 所示，创建如图 1-19 所示的平面。

图 1-16　对齐坐标系

图 1-17　模型位置

图 1-18　追加平面对话框

图 1-19　完成追加平面

三、逆向设计

1. 分割曲面

选择【多边形】菜单中的⬚【分割】，弹出如图 1-20 分割对话框。【方法】选择【用户定义平面】，【基准平面】选择平面 1，【详细设置】勾选断面末端封闭，如图 1-21 所示，单击➡，完成分割操作，如图 1-22 所示。

图 1-20　分割对话框

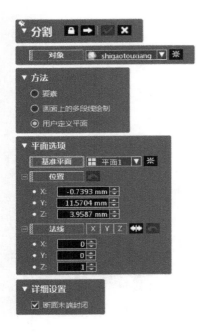

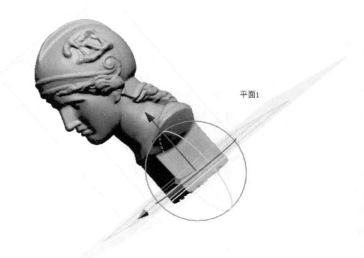

图 1-21　分割参数

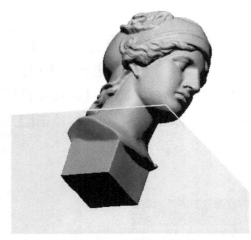

图 1-22　完成分割操作

2. 曲面建模

选择【精确曲面】菜单下的◈【自动曲面创建】，弹出对话框如图 1-23 所示，"面片"选择【有机】，【曲面片网格选项】选择【自动估算】，【拟合方法】选择【非平均】，【拟合选项】中的【几何形状捕捉精度】选择中间位置，单击☑，完成曲面的创建，如图 1-24 所示。

3. 偏差检测

如图 1-25 所示，在【Accuracy Analyzer（TM）】面板的【类型】选项组中选择【体偏差】，结果如图 1-26 所示，误差在 1mm 之内即为合格。

4. 输出文件

逆向设计完成后的实体模型经检验合格后，就可以应用 3D 打印技术对其进行加工。为了保证零件在软件间的通用性，将模型输出为 stp 格式。

图 1-23　自动曲面创建对话框

图 1-24　曲面的创建

图 1-25　偏差分析对话框

图 1-26　偏差分析

在菜单栏中单击【文件】下的【输出】按钮，选择零件为输出要素，如图 1-27 所示，然后单击【确定】按钮，选择文件的保存格式为 stp，将文件命名为 "shigaotouxiang"，最后单击【保存】按钮。

图 1-27　文件输出

 评价反馈

逆向建模完成后，根据完成情况，对模型进行评价反馈，见表 1-1。

表1-1　石膏头像模型逆向建模评价表

任务	石膏头像模型的逆向建模		日期		图例			
班级			姓名					
序号	考核项目	分值		考核内容	考核标准	学生自评	学生互评	教师评价	得分
		配分	考点			30%	30%	40%	

1	数据采集	20	1	扫描策略的制定	获得完整模型数据，视完成情况扣5～20分				
2	数据修复	10	1	模型补洞、修复	把模型修复完整，视完成情况扣1～10分				
3	坐标对齐	5	1	正确地进行坐标对齐	坐标对齐，视完成情况扣1～5分				
4	分割曲面	15	1	正确分割曲面，并创建新的平面	正确分割曲面，创建石膏头像底部新的平面，视完成情况扣1～15分				
5	修补曲面	30	1	曲面的修补，是否全部完成孔的修补等	正确完成曲面的修补，视完成情况扣5～30分				
6	曲面建模	10	1	曲面建模完成后的效果	正确地进行曲面的建模，视完成情况扣1～10分				
7	其他	10	1	积极参与小组讨论，认真思考分析问题	不参加小组讨论，有抄图现象的扣1～5分				
			2	遵守安全操作规程，操作现场整洁	不遵守安全规程，现场不整洁的扣1～5分				
	合计	100							
	签字								

教师评价

教师：_____

日期：_____

1. 修补曲面时的注意事项有哪些?
2. 曲面建模的步骤是什么?

拓展实例

本项目在对石膏模型进行逆向设计的过程中介绍了自动曲面创建的方法,图 1-28 所示的"火火兔"摇铃玩具能不能用以上方法进行逆向建模呢?

图 1-28 "火火兔"玩具

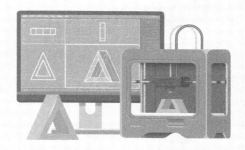

项目二

汽车遥控器扫描与逆向设计

 项目目标

知识目标

① 掌握汽车遥控器扫描策略的制定方法；
② 掌握Geomagic Wrap软件的面片处理的方法；
③ 掌握Geomagic Design X软件草图的基本操作；
④ 掌握Geomagic Design X软件领域组划分的方法；
⑤ 掌握Geomagic Design X软件规则模型特征的创建方法。

能力目标

① 能够合理制定汽车遥控器的扫描方案；
② 能够正确使用扫描仪完成汽车遥控器数据的采集；
③ 能够正确地对汽车遥控器的采集数据进行预处理；
④ 能够正确地创建汽车遥控器的草图特征；
⑤ 能够正确地创建汽车遥控器的模型特征。

汽车遥控器模型由规则几何图形组成，结构简单，该项目适合培养学生的逆向建模基础能力。

一、产品分析

该扫描模型为汽车遥控器，包括孔、槽和台等特征，通过坐标系建立、草图绘制、特征建模及误差分析等完成模型逆向设计。扫描时要求保证扫描数据的完整性，保留模型的原有特征，面片分布规整平滑，因此在扫描时采用整体扫描方案。

二、扫描策略的制定

1. 表面分析

观察模型，模型表面无反光，无须特殊处理。

2. 制定策略

模型整体平整，特征较少且规则，故采用纹理扫描，定位点参数设置为半刚性定位和使用自然特征，无须使用标志点。

三、知识准备

1. Geomagic Wrap 软件功能介绍

（1）删除钉状物　检测并展开多边形网格上的单点尖峰。

（2）减少噪音　将点移至统计的正确位置以弥补噪声。噪声会使锐边变钝或使平滑曲线变粗糙。

（3）快速平滑　使多边形网格更平滑并使三角形的大小一致。

2. Geomagic Design X 软件功能介绍

（1）自动分割　根据扫描数据的曲率和特征自动将面片归类为不同的几何领域。

 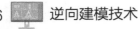

（2）⊞平面　构建新参照平面。此平面可用于创建面片草图、镜像特征并分割面片交集中的面片和轮廓。

（3）✎面片草图　通过在指定平面上截切，得到草图轮廓。

（4）✎自动草图　自动从多段线处提取直线和弧线，以创建完整、受约束且复杂的草图轮廓。

（5）⬛拉伸　根据草图和平面方向创建新曲面实体。可进行单向或双向拉伸，且可通过输入值或"高达"条件定义拉伸尺寸。

（6）◻圆角　在实体或曲面实体的边线上创建圆角特征。

（7）⬛体偏差　比较实体或曲面与扫描件数据的偏差。

项目
实施

任务一

数据采集

一、扫描前准备

正确连接扫描仪，并激活其对应的型号，设置
扫描参数，如图 2-1 所示。扫码观看视频 2-1。

视频2-1
遥控器模型数据采集

二、遥控器模型整体数据的采集

按照图 2-2 的位置摆放遥控器模型，选择【扫描】按钮后开始扫描，扫描时手
持扫描仪距离遥控器的位置大约为 40cm，距离以指示灯呈绿色为宜，进行扫描。

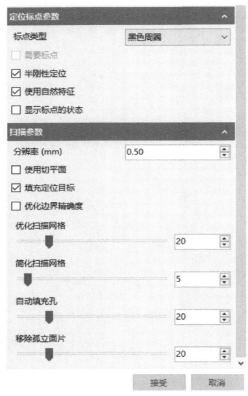

图 2-1　扫描参数设置

（a）

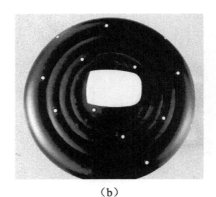

（b）

图 2-2　遥控器摆放位置

使用扫描仪对零件进行两次扫描后，正面扫描后得到数据（图 2-3），然后进行背面扫描。背面扫描如图 2-4 所示。

图 2-3　遥控器正面扫描数据

图 2-4　遥控器背面扫描数据

三、扫描数据编辑

扫描完成后的模型如图 2-5 所示，进行数据编辑。扫码观看视频 2-2。

分别将两次扫描的杂点删除，得到如图 2-6 所示的数据图像。将两次扫描数据进行合并操作后得到的数据图像如图 2-7 所示。

数据编辑完成以后，将其导出，保存为 stl 格式。

视频2-2
遥控器模型数据编辑

图 2-5　扫描后模型

图 2-6　删除杂点后的数据
　　　图像

图 2-7　合并后的数
　　　据图像

任务二

数据处理

应用 Geomagic Wrap 软件将扫描模型数据进行修复，使模型数据完整，获得多边形数据。扫码观看视频2-3。

视频2-3
遥控器模型数据处理

一、打开 Geomagic Wrap 软件

将"yaokongqi.asc"文件拖入界面，选择比率（100%）和单位（mm），进入软件界面，如图2-8所示。

二、弹出网格医生对话框

在如图2-9的对话框中，分别选择自动修复进行表面光滑处理，自动识别出模型缺陷，得到如图2-10所示的图形，单击【应用】按钮，缺陷自动修复，单击【确定】按钮，完成操作。

图2-8　扫描后得到的数据

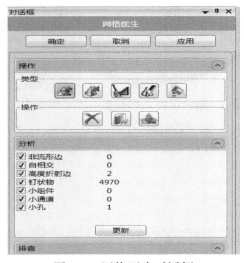

图2-9　网格医生对话框

图2-10　模型缺陷显示

三、全部填充孔

单击【填充孔】中的【全部填充】命令，如图 2-11 所示，系统自动识别需要填充的孔，单击【确定】完成命令，得到如图 2-12 所示的模型。

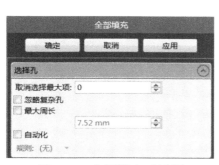

图 2-11　全部填充对话框 　　图 2-12　填充孔后的模型

四、保存文件

将数据保存成 stl 格式，以备后续逆向设计使用（图 2-13）。

图 2-13　保存文件类型为 stl

任务三

逆向设计

一、导入文件

打开 Geomagic Design X 软件，单击【插入】中【导入】命令按钮，在弹出的对话框中选择要导入的文件数据，如图 2-14 所示；也可直接将文件拖入窗口，导入文件后的界面如图 2-15 所示。扫码观看视频 2-4。

视频2-4
遥控器模型逆向设计

二、划分领域组

单击工具栏的【领域】，单击【领域】中的【自动分割】命令，进入领域组模式，显示自动分割对话框，敏感度设置为 40，其余参数不变，如图 2-16 所示。自动用不同的颜色划分领域，方便后期的选取，得到如图 2-17 所示图形。

图 2-14　导入文件

图 2-15　模型文件

图 2-16　自动分割对话框

图 2-17　领域划分显示

三、逆向建模

1. 主体建模

（1）创建面片草图 1　单击菜单栏【草图】中的【面片草图】命令，进入面片草图模式，【基准平面】选择前为基准，如图 2-18 所示，并拖拽图 2-19 中箭头到 5mm，单击✓，得到断面多线段，线段如图 2-20 所示。

（2）绘制草图 1　单击左下角的隐藏面片以及划分的领域组，单击【3 点圆弧】命令，绘制如图 2-21 所示的圆弧，线段见图 2-21。单击【圆角】创建圆弧间的圆角，圆角半径设置为 22mm，如图 2-22 所示。

图 2-18　面片草图对话框

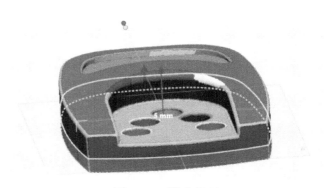

图 2-19　箭头显示

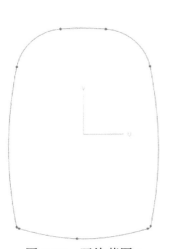

图 2-20　面片草图 1

图 2-21　3 点圆弧绘制

图 2-22　圆角绘制

单击【剪切】命令，选择【相交剪切】，选择剪切的两个要素，草图将自动延长，如图 2-23 所示，单击【退出】按钮，退出面片草图模式。得到最大外形轮廓线，如图 2-24 所示。

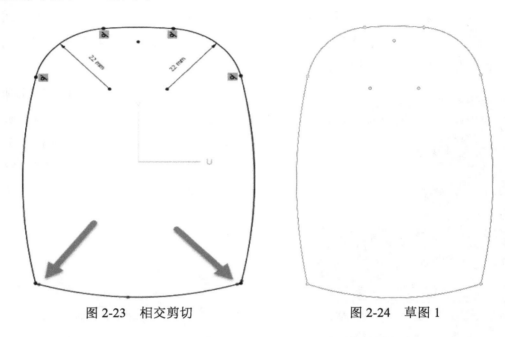

图 2-23　相交剪切　　　　　　　　　　　　　图 2-24　草图 1

（3）拉伸主体　显示面片及领域组，单击【模型】中创建实体里的【拉伸】命令，选择【方法】为【到领域】，领域选择模型上表面，如图 2-25 所示，单击 ☑，得到主体，如图 2-26 所示。

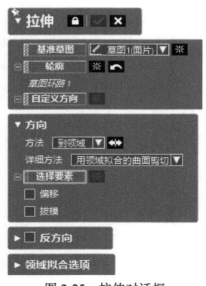
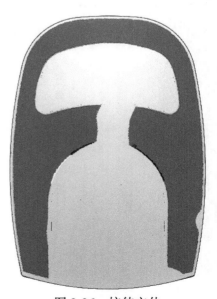

图 2-25　拉伸对话框　　　　　　　　　　　　　图 2-26　拉伸主体

由图 2-27 可知，零件的下部分并非单纯的拉伸形状，所以要修改草图，延长这部分，根据面片草图剪去这部分。

在左侧特征树里双击草图 1（面片），进入面片草图编辑模式，删除下面圆弧，创建直线，使用【剪切】延长圆弧与直线相交，如图 2-28 所示，单击退出按钮退出面片草图，得到实体，如图 2-29 所示。

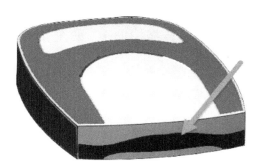

图 2-27　拉伸模型

（4）创建拟合面片　单击菜单栏模型中的【面片拟合】命令，进入面片拟合编辑，领域选择如图 2-30 所示领域，然后单击➡，单击☑，完成拟合面片的创建，如图 2-31 所示。

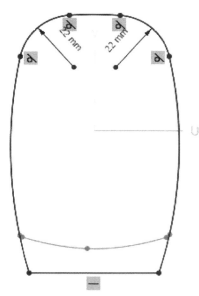

图 2-28　修剪草图 1

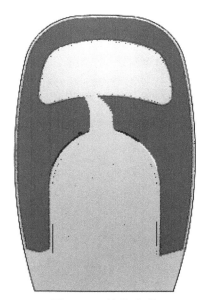

图 2-29　拉伸实体

图 2-30　选择拟合领域

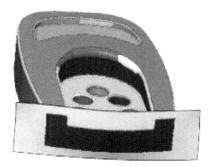

图 2-31　拟合面片

（5）切割实体　单击菜单模型中的【切割】图标,【工具要素】选择面片拟合 1,【对象体】选择拉伸 1, 如图 2-32 所示，单击 ➡, 选择如图 2-33 所示残留体，单击 ☑, 完成修剪，得到拉伸实体 1, 如图 2-34 所示。

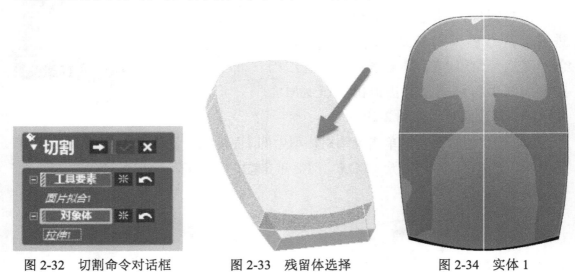

图 2-32　切割命令对话框　　　　图 2-33　残留体选择　　　　图 2-34　实体 1

（6）剪切体I　追加参照平面，单击【平面】命令，要素选择前平面，设置 Z 值为 40mm, 单击 ☑, 得到如图 2-35 所示平面。

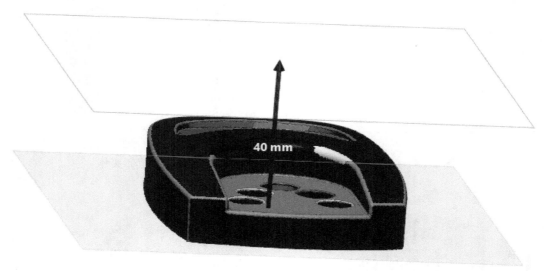

图 2-35　追加平面

创建面片草图 2, 单击草图中【面片草图】，进入面片草图，如图 2-36 所示进行设置，【基准平面】选择参照平面 1, 拖动如图 2-37 所示的箭头，直到能看到断面特征为止，单击 ☑, 得到如图 2-38 所示面片草图 2。

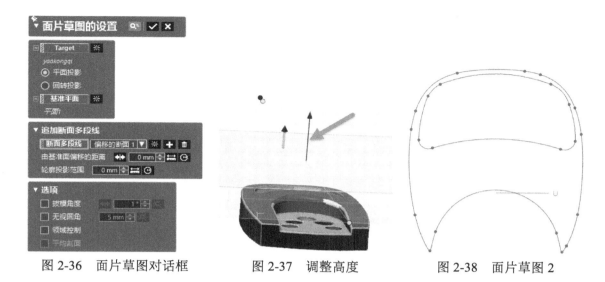

图 2-36　面片草图对话框　　　图 2-37　调整高度　　　图 2-38　面片草图 2

　　绘制草图 2，单击菜单栏中的【自动草图】命令，选择断面线段，完成草图创建，退出面片草图模式，得到如图 2-39 所示草图 2。

　　拉伸剪切，在菜单模型中选择【实体拉伸】命令，选择创建的草图 2 为基准草图，如图 2-40 所示进行设置，【方法】选择【到领域】，【结果运算】选择【切割】，单击✓，完成切割，得到如图 2-41 所示实体。

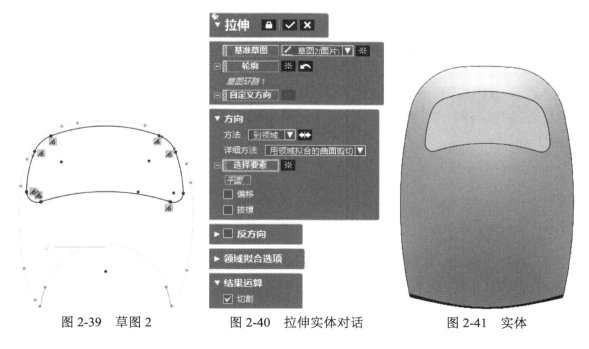

图 2-39　草图 2　　　　　图 2-40　拉伸实体对话　　　　图 2-41　实体

　　（7）剪切体Ⅱ　创建面片草图 3，单击【草图】中【面片草图】，选择平面 1 为基准平面，拖拽箭头直到出现断面，单击✓，得到如图 2-42 所示面片草图 3。

绘制草图 3，单击【直线】命令，绘制两条直线，按住【Shift】键选择两条直线，双击其中一条，弹出约束条件对话框如图 2-43 所示，选择固定两条直线位置，得到如图 2-44 所示草图。

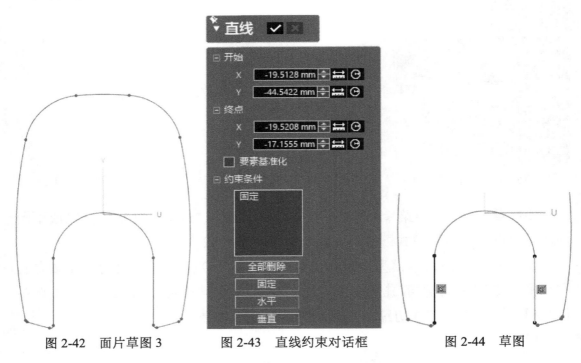

图 2-42　面片草图 3　　　　　图 2-43　直线约束对话框　　　　　图 2-44　草图

绘制圆弧，单击工具栏中【3 点圆弧】命令，创建如图 2-45 所示圆弧，同样按住【Ctrl】键，选择一条直线和一条圆弧，单击鼠标右键，出现约束条件，选择相切约束，然后拖拽圆弧到合适尺寸，得到约束。追加一条直线，延长直线并修建，创建一个封闭的环。单击退出图标，完成草图面片 3 的创建（图 2-46）。

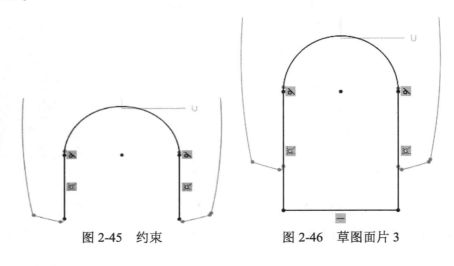

图 2-45　约束　　　　　　　图 2-46　草图面片 3

拉伸剪切，选择【创建实体】中的【拉伸】命令，选择创建的面片草图 3 为基准草图，【方法】选择【到领域】，【结果运算】选择【切割】，如图 2-47 所示，单击☑，完成修剪，如图 2-48 所示。

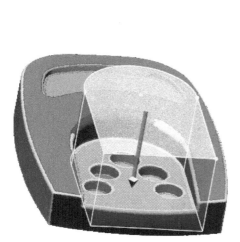
图 2-47　拉伸

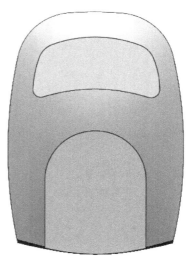
图 2-48　实体

（8）剪切体Ⅲ　创建面片草图 4，单击【草图】中的【面片草图】命令，选择平面 1 为【基准平面】，拖拽图中箭头，直到出现特征的断面阶段线，如图 2-49 所示，单击☑，得到如图 2-50 所示面片草图 4。

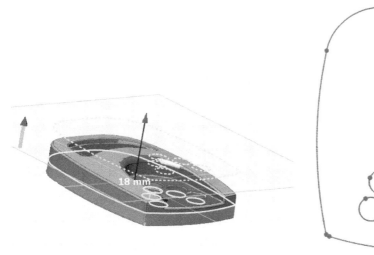
图 2-49　面片草图创建

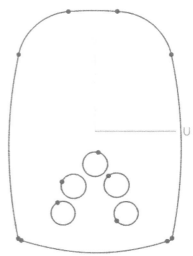
图 2-50　面片草图 4

绘制圆，单击【圆】，为面片草图追加圆特征，依次单击圆特征，完成后退出面片草图模式，得到如图 2-51 所示草图 4。

拉伸剪切，单击【创建实体】中【拉伸】命令，进入拉伸界面，选择创建的面片草图4作为基准草图，【方法】选择【到领域】，【结果运算】选择【切割】，单击☑，完成拉伸切割，得到如图2-52所示拉伸实体模型。

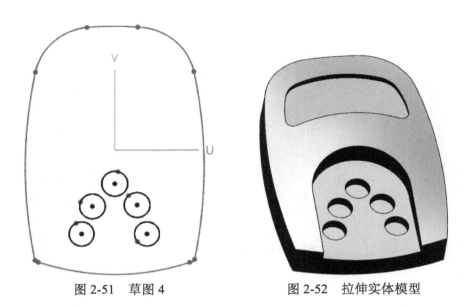

图2-51　草图4　　　　　　　　　　图2-52　拉伸实体模型

（9）倒角　固定圆角，单击【模型】中的【圆角】命令，选择边线，单击图中自动估算图标，自动估算值为1.0589，所以可推测设计者的圆角半径为1mm，将其改为1mm，如图2-53所示，单击☑，得到如图2-54所示倒圆角实体模型。

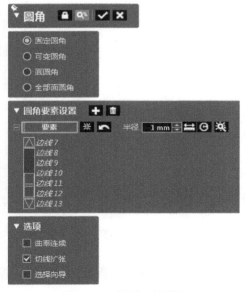

图2-53　圆角对话框　　　　　　　图2-54　倒圆角实体模型

2. 体偏差分析

得到最终模型后，单击右侧图标，弹出对话框后选中体偏差，模型大部分变为同色，由右侧色图分析，发现模型在偏差范围内，完成建模。如图 2-55 所示。

图 2-55　体偏差分析

3. 输出文件

在菜单栏中单击【文件】—【输出】按钮，选择零件为输出要素，如图 2-56 所示，然后单击【确定】按钮，选择文件的保存格式为 stp，将文件命名为"yaokongqi"，最后单击【保存】按钮。

图 2-56　文件保存

评价反馈

逆向建模完成后，根据完成情况，对模型进行评价反馈，见表2-1。

表2-1　汽车遥控器模型逆向建模评价表

任务	汽车遥控器模型逆向建模		日期		图例				
班级			姓名						
序号	考核项目	分值		考核内容	考核标准	学生自评	学生互评	教师评价	得分
		配分	考点			30%	30%	40%	
1	数据采集	10	1	扫描策略的制定	获得完整模型数据，视完成情况扣1～10分				
2	数据修复	10	1	模型补洞、修复	把模型修复完整，视完成情况扣1～10分				
3	领域组	5	1	领域组划分	正确设置参数，完整划分领域组，视完成情况扣1～5分				
4	坐标对齐	5	1	正确地进行坐标对齐	坐标对齐，视完成情况扣1～5分				
5	草图绘制	30	1	创建新的参考平面	正确创建参考平面，4个草图正确绘制，每错一个扣6分				
			2	3点圆弧命令的使用					
			3	自动草图命令的使用					
			4	圆命令的使用					
			5	约束命令的使用					

6	面片拟合	5	1	面片拟合命令的使用	在准确的领域组进行面片拟合,视完成情况扣 1～5 分				
7	拉伸	20	1	实体拉伸	正确完成拉伸,每错一个部分扣 5 分				
8	倒角	5	1	使用倒圆角命令	正确倒角,视完成情况扣 1～5 分				
			2	使用可变圆角命令					
9	其他	10	1	积极参与小组讨论,认真思考分析问题	不参加小组讨论,有抄图现象的扣 1～5 分				
			2	遵守安全操作规程,操作现场整洁	不遵守安全规程,现场不整洁的扣 1～5 分				
	合计	100							
	签字								

教师评价

教师:＿＿＿＿＿＿

日期:＿＿＿＿＿＿

思考与练习

1. 领域划分的重要性是什么?

2. 如何控制创建的实体与原数据模型的误差?

　　本项目介绍了逆向建模的基本思路及操作步骤，也介绍了一些基本命令的使用，根据本例模型建模思路，请思考下面这个模型（图2-57）如何完成建模，并尝试进行建模操作。

图 2-57　遥控器

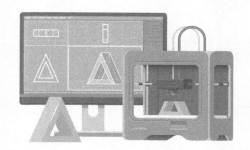

项目三
测量件扫描与逆向设计

项目目标

知识目标

① 掌握测量件扫描策略的制定方法；
② 掌握Geomagic Design X软件中，圆柱、球体、方块、腰形孔等快速构建特征方法。

能力目标

① 能够合理制定测量件的扫描方案；
② 能够正确使用扫描仪完成测量件数据的采集；
③ 能够正确地对测量件的采集数据进行预处理；
④ 能够正确地创建测量件的草图特征；
⑤ 能够正确地创建测量件的模型特征。

项目导入

　　测量件作为三坐标测量仪的测量样件，精度要求较高，为了在测量样件出现破损、变形等不可控情形时，有满足精度要求的替换样件，对测量件没有损坏的原产品进行数据采集，并完成逆向设计。

一、产品分析

　　该扫描模型为测量件，包括圆柱、圆孔、凸台、型腔等模型特征，通过坐标系的建立、草图的绘制、典型特征的建模，以及误差分析等操作完成测量件的逆向设计。扫描时要求保证扫描数据的完整性，保留测量件的原有特征，点云分布规整平滑，因此在扫描时采用整体扫描方案。

二、扫描策略的制定

　　1. 表面分析

　　观察后发现该模型表面无反光，利于数据的采集，无须进行表面特殊处理。

　　2. 制定策略

　　测量件的下半部分是一个光滑的平面，数据采集比较简单，上半部分结构比较复杂，特征较多，需要经过多角度、多范围的扫描才能保证扫描数据的完整性。

三、知识准备

　　1. Geomagic Wrap 软件功能介绍

　　█ 网格医生自动修复多边形网格内的缺陷。

　　2. Geomagic Design 软件功能介绍

　　（1）█ 基础实体　　快速从带有领域的面片中提取简单的实体几何对象。诸如圆柱、圆锥、球体、圆环和长方体等几何形状均可提取。

　　（2）█ 基础曲面　　快速从带有领域的面片中提取简单的曲面几何对象。诸如平面、圆柱、圆锥、球体、圆环和长方体等完整或部分几何形状均可提取。

　　（3）█ 布尔运算　　将多个部分整合为一个实体。用其他部分作为切割工具，移除其中的一部分或将多个部分合并在一起。

任务一

数据采集

一、扫描前的准备

（1）按照操作规范连接手持式扫描仪，在对测量件扫描前先对扫描设备进行校准，使其精度达到扫描要求，如图 3-1 所示。

（2）擦拭测量件，保证其表面没有破损，并将其放置在平台上。

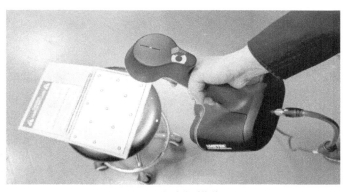

图 3-1　手持式扫描仪

二、采集数据

完成扫描仪校准后，选择并激活其对应的型号，设置扫描参数，如图 3-2 所示。扫码观看视频 3-1。

视频3-1
测量件数据采集

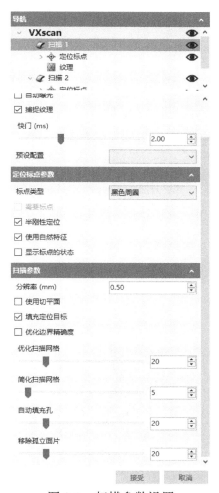

图 3-2　扫描参数设置

1. 测量件整体数据的采集

按照图 3-3 的位置摆放测量件，选择"扫描"按钮后开始扫描，扫描时手持扫描仪距离测量件的位置大约为 40cm，距离以指示灯呈绿色为宜。

（a）　　　　　　　　　　　　　　　　　　（b）

图 3-3　测量件摆放位置

2. 测量件细节数据的采集

调整扫描仪的角度，选择圆孔、型腔等区域，单击【恢复扫描】指令，捕捉细节特征。数据全部采集完成以后，将其导出，另存为 stl 格式。

三、扫描数据编辑

使用扫描仪对零件进行两次扫描后，得到扫描的原始数据图像如图 3-4 所示，然后进行数据编辑。扫码观看视频 3-2。

视频3-2
测量件数据编辑

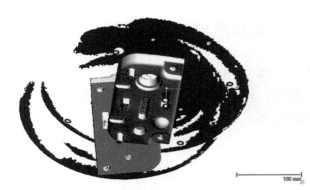

图 3-4　扫描后得到的数据图像

分别将两次扫描的杂点删除，得到如图 3-5 所示的数据图像。将两次扫描数据进行合并操作后，得到的数据图像如图 3-6 所示。

图 3-5　删除杂点的数据图像　　　　图 3-6　合并扫描数据后得到的图像

任务二

数据处理

应用 Geomagic Wrap 软件将扫描杂点去除，完成数据封装，获得多边形数据。

一、打开 Geomagic Wrap 软件

将"celiangjian.stl"文件拖入界面，选择比率（100%）和单位（mm），进入软件界面，如图 3-7 所示。扫码观看视频 3-3。

二、弹出网格医生对话框

在图 3-8 的对话框中，分别选择自动修复进行表面光滑处理，得到如图 3-9 所示的图形。

视频3-3
测量件数据处理

三、降噪处理

选择【多边形】菜单下的【平滑】命令中的【减少噪音】命令，设置参数如图 3-10 所示，得到表面更加光滑的测量件数据，如图 3-11 所示。

当前三角形: 270,276
所选的三角形: 41,011

图 3-7　测量件扫描数据

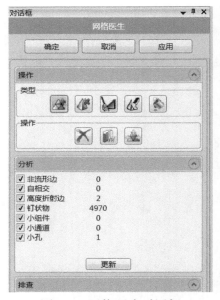

图 3-8　网格医生对话框

图 3-9　修复后的测量件数据　　图 3-10　减少噪音对话框　　图 3-11　减少噪音处理后的
　　　　　　　　　　　　　　　　　　　　　　　　　　　　　　　　　　　　表面

四、保存文件

将数据保存成 stl 格式，以备后续逆向设计使用（图 3-12）。

图 3-12　保存文件类型为 stl

任务三

逆向设计

一、导入数据

打开 Geomagic Design X 软件，选择菜单下的【插入】—【导入】命令，在如图 3-13 弹出的对话框中选择要导入的文件数据 "celiangjian.stl"，导入点云后的界面如图 3-14 所示。

图 3-13　导入对话框

图 3-14　导入后的面片

□ 小贴士

可以直接单击 stl 文件，将其拖入打开的软件窗口中，也相当于是将其导入。

二、对齐坐标系

1. 构建平面

单击下拉菜单【领域】，选择【自动分割】命令，对话框如图 3-15 所示，

敏感度设置为 65，其余参数不变。单击 ☑ 后，得到如图 3-16 所示的自动划分领域的图形。扫码观看视频 3-4。

视频3-4
测量件逆向设计

图 3-15　自动分割领域对话框　　　　图 3-16　自动分割后的领域

　　单击下拉菜单【初始】，选择【参考几何图形】选项卡中的 ⊞【平面】来创建新的参考平面，对话框如图 3-17 所示，【方法】选择【提取】，通过上方工具条中的【智能选择】生成的底面的领域来生成平面 1。用相同方法，分别选择与底面垂直相交的前面和侧面生成另两个平面 2 和平面 3，如图 3-18 所示。

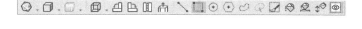

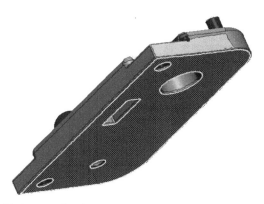

图 3-17　创建平面对话框

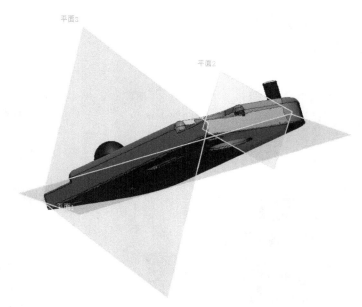

图 3-18　创建 3 个平面

2. 对齐

手动对齐　单击下拉菜单【对齐】下的【手动对齐】命令按钮，弹出如图 3-19 所示的对话框，单击➡下一步按钮，出现如图 3-20 所示对话框和两个窗口，左边窗口为操作窗口，右边窗口为转换后的结果。选择如图 3-21 中移动下的【3-2-1】选项进行坐标对齐。【平面】选择平面 1，【线】选择平面 2，

图 3-19　手动对齐对话框

【位置】选择平面 3，这样单击✅后得到的新的坐标原点就与我们构建的三个平面的交点对齐了，如图 3-22。调整视图即可得到对齐后的图形，如图 3-23 所示。

图 3-20　移动对话框

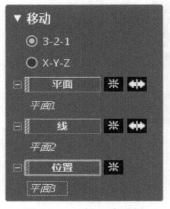

图 3-21　选项对话框

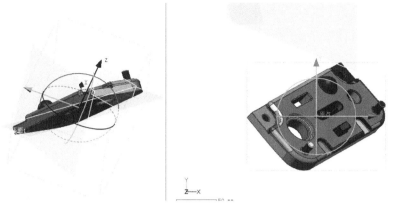

图 3-22　对齐视图窗口

图 3-23　对齐后的视图

三、逆向建模

1. 主体建模

（1）创建草图基准面　单击下拉菜单【草图】下的 ✍【面片草图】命令按钮，选择平面 1 作为基准面，设置由基准面向下偏移 5mm，使特征的主体轮廓呈现如图 3-24 所示图形，单击☑️，隐藏面片，完成后如图 3-25 所示。

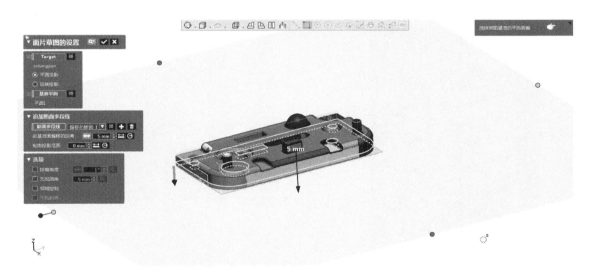

图 3-24　面片草图设置对话框

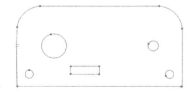

图 3-25　自动生成的面片草图

（2）绘制轮廓草图　单击∡【自动草图】命令按钮，出现如图 3-26 所示的对话框，选择【只操作选中的对象】，选择图中的直线、圆和圆弧，单击☑，得到如图 3-27 所示的草图。单击↘直线【直线】命令按钮，绘制直线，如图 3-28 所示，完成封闭的草图，单击✍【约束条件】，如图 3-29 所示。单击▣【退出】按钮，得到如图 3-30 所示的草图。

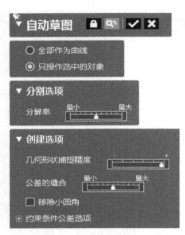

图 3-26　自动草图对话框

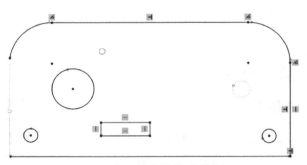

图 3-27　生成的自动草图

图 3-28　绘制直线命令

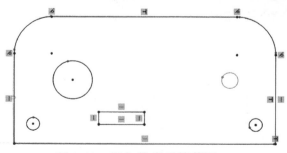

图 3-29　添加约束后的草图

（3）拉伸造型　单击▣【拉伸】命令按钮，得到如图 3-31 所示对话框,【方法】选择【到领域】，如图 3-32 所示。单击☑，得到如图 3-33 所示的实体。

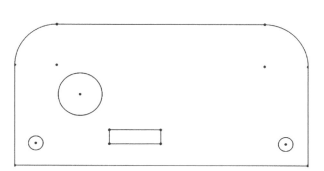

图 3-30　最后生成的草图

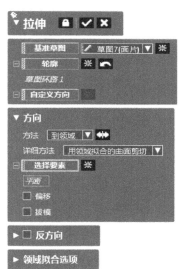

图 3-31　拉伸对话框

图 3-32　拉伸预览的实体

图 3-33　拉伸后的实体

（4）基础实体增料　单击 【基础实体】按钮，打开如图 3-34 所示的对话框，在自动提取状态下，选择圆球面、圆柱面，如图 3-35 所示。单击 ，得到如图 3-36 所示的实体。用相同方法，在手动提取状态下，选择长方体的侧面与顶面，得到如图 3-37 所示的小长方体。

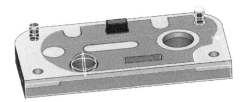

图 3-35　选中的基础实体

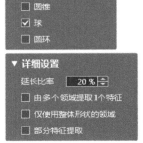

图 3-34　基础实体对话框

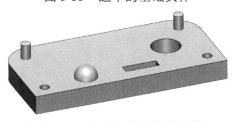

图 3-36　自动生成的基础实体

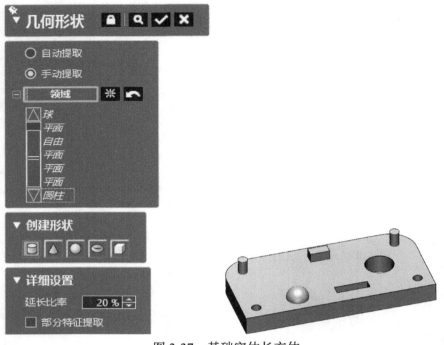

图 3-37　基础实体长方体

（5）基础实体除料　用上述相同方法，选择创建形状为圆锥体，选择圆锥孔内表面，得到如图 3-38 所示的圆锥体。单击 【布尔运算】按钮，选择【操作方法】为【切割】，工具要素选择圆锥体，对象体选择基础实体，得到如图 3-39 所示实体的圆锥孔。同样方法，可完成圆柱阶梯孔的实体，如图 3-40 所示。

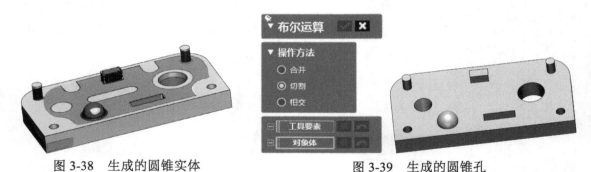

图 3-38　生成的圆锥实体　　　　　　　　　图 3-39　生成的圆锥孔

图 3-40　生成的圆柱阶梯孔

（6）拉伸特征除料　使用面片草图工具，绘制 🔘腰形孔 腰形孔，得到如图 3-41 所示草图。在如图 3-42 所示对话框中，单击📄【拉伸】命令，【结果运算】选择【切割】，单击✅后，得到如图 3-43 所示实体。

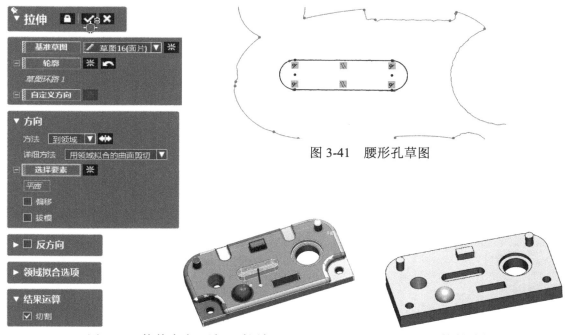

图 3-41　腰形孔草图

图 3-42　拉伸命令及选项对话框

图 3-43　拉伸除料后的腰形孔

（7）拉伸特征除料　使用面片草图工具，绘制两个腰形孔，得到如图 3-44 所示草图。继续使用【拉伸】命令，【方法】为【到领域】，【结果运算】为【切割】，得到实体，如图 3-45 所示实体。

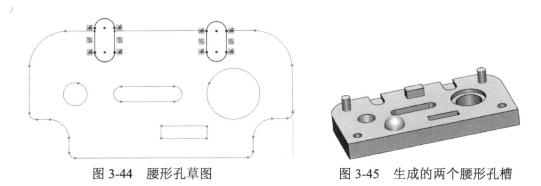

图 3-44　腰形孔草图

图 3-45　生成的两个腰形孔槽

（8）拉伸特征除料　使用面片草图工具，绘制草图，得到如图 3-46 所示草图。使用拉伸命令，【方法】为【到领域】，【结果运算】为【切割】，得到如图 3-47 所示实体。

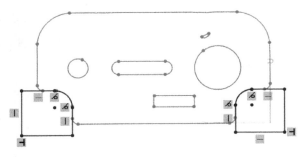

图 3-46　拉伸除料草图

图 3-47　拉伸除料后的实体

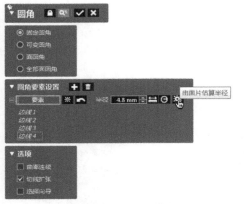

图 3-48　圆角对话框

（9）倒圆角　单击【圆角】命令按钮，在如图 3-48 所示的对话框中，选择【固定圆角】，【要素】选择边线，设置半径为由面片估算半径，取整后得到半径为 4.8mm，选择如图 3-49 所示的四条边线，得到如图 3-50 所示的倒圆角的实体。继续圆角命令，选择顶面长边，如图 3-51 所示，单击 ✓ 后，得到实体，如图 3-52 所示。

图 3-49　选择的四条竖边

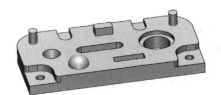

图 3-50　倒圆角后的竖边

图 3-51　选择的顶面长边

图 3-52　顶面倒圆角后的实体

2. 偏差分析

如图 3-53 所示，在【Accuracy Analyzer（TM）】面板的【类型】选项组中选择【体偏差】，结果如图 3-54 所示，误差在 1mm 之内即为合格。

图 3-53　偏差分析对话框

图 3-54　偏差分析效果

3. 输出文件

逆向设计完成后的实体模型经检验合格后，就可以应用 3D 打印技术对其进行蜡模打印。为了保证零件在软件间的通用性，将模型输出为 stp 格式。

在菜单栏中单击【文件】—【输出】按钮，选择零件为输出要素，如图 3-55 所示，然后单击【确定】按钮，选择文件的保存格式为 stp，将文件命名为"celiangjian"，最后单击【保存】按钮。

图 3-55　输出文件对话框

可以通过在模型管理器中的曲面体后右击鼠标来打开快捷菜单，选择【输出】即可完成。

评价反馈

逆向建模完成后，根据完成情况，对模型进行评价反馈，见表 3-1。

表3-1　测量件模型逆向建模评价表

任务	基础测量件模型逆向建模		日期		图例				
班级			姓名						
序号	考核项目	分值		考核内容	考核标准	学生自评	学生互评	教师评价	得分
		配分	考点			30%	30%	40%	
1	数据采集	20	1	扫描策略的制定	获得完整模型数据，视完成情况扣 5～20 分				
2	数据修复	10	1	模型补洞、修复	把模型修复完整，视完成情况扣 1～10 分				
3	领域组	10	1	领域组划分	正确设置参数，完整划分领域组，视完成情况扣 1～10 分				

4	坐标对齐	5	1	正确地进行坐标对齐	坐标对齐，视完成情况扣1～5分			
5	草图绘制	10	1	创建新的参考平面	正确创建参考平面，完成全部特征草图的绘制，视完成情况扣1～10分			
6	拉伸	30	1	实体拉伸（圆柱、球体、腰型孔等）	正确完成拉伸，视完成情况扣5～30分			
7	倒角	5	1	使用倒圆角命令	正确倒角，视完成情况扣1～5分			
8	其他	10	1	积极参与小组讨论，认真思考分析问题	不参加小组讨论，有抄图现象的扣1～5分			
			2	遵守安全操作规程，操作现场整洁	不遵守安全规程，现场不整洁的扣1～5分			
	合计	100						
				签字				

教师评价

教师：＿＿＿＿＿＿＿

日期：＿＿＿＿＿＿＿

1. 自动划分领域与手动划分领域有何区别?
2. 采用不同的坐标对齐,会对逆向建模的结果有影响吗?请举例说明。

拓展实例

请尝试对鼠标造型(图3-56)的表面用不同方式进行领域的划分,比较其不同之处。

图 3-56   鼠标造型

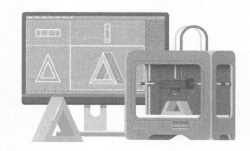

项目四
齿轮模型扫描与逆向设计

知识目标

① 掌握齿轮扫描策略的制定方法；
② 掌握Geomagic Wrap软件的模型修复的方法；
③ 掌握Geomagic Design X软件圆形阵列命令的使用方法；
④ 掌握Geomagic Design X软件中约束条件的使用方法。

能力目标

① 能够合理制定齿轮的扫描方案；
② 能够正确使用扫描仪完成齿轮数据的采集；
③ 能够正确地对齿轮模型的采集数据进行预处理；
④ 能够正确地创建齿轮的草图特征；
⑤ 能够正确地创建齿轮的模型特征。

　　齿轮在数控专业领域中是一种常见零件，本项目采用 3D 打印技术制造齿轮模型，齿轮结构简单，作为教学模型，便于学生进行学习。由于数据模型文件

缺失，通过逆向工程技术，完成模型数据采集，并对逆向建模出来的模型进行加工制造。

一、产品分析

该扫描模型为齿轮，包括孔、键槽和轮齿等特征，通过坐标系建立、草图绘制、特征建模、布尔运算及误差分析等完成模型逆向设计。扫描时要求保证扫描数据的完整性，保留模型的原有特征，面片分布规整平滑，因此在扫描时采用整体扫描方案。

二、扫描策略的制定

1. 表面分析

观察模型，模型表面平整，在强光照射下有反光现象，故须特殊处理。

2. 制定策略

使用显像剂对模型进行处理，距离模型 30cm 左右，进行喷粉操作，如图 4-1 所示。模型整体平整，特征较少且规则，故采用纹理扫描，定位点参数设置为半刚性定位和使用自然特征，无须使用标志点。

图 4-1　喷粉操作

三、知识准备

Geomagic Design X 软件功能介绍

（1）▦平面　构建新参照平面。此平面可用于创建面片草图、镜像特征并分割面片交集中的面片和轮廓。

（2）✕线　构建新参考线，在构建草图过程中可以使用线，线还可以定义建模特征的方向或轴约束。

（3）▤智能尺寸　将尺寸应用到草图中，设置精确尺寸，例如距离、角度和半径。

（4）⊙圆形阵列　生成特征的副本并将其放置半径阵列周围，特征间隔可以是统一的，也可以自定义。

任务一

数据采集

一、扫描前准备

正确连接扫描仪，并激活其对应的型号，设置扫描参数，如图 4-2 所示。扫码观看视频 4-1。

视频4-1
齿轮数据采集

二、数据采集

按照图 4-3 的位置摆放齿轮，选择【扫描】按钮后开始扫描，扫描时手持扫描仪距离齿轮的位置大约为 40cm，距离以指示灯呈绿色为宜，进行扫描。

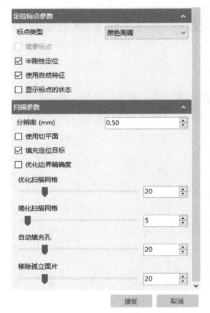

图 4-2　扫描参数设置

使用扫描仪对零件进行两次扫描后，正面扫描后得到数据如图 4-4 所示。

图 4-3　齿轮摆放位置

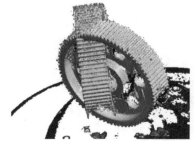

图 4-4　扫描后数据模型

三、扫描数据编辑

分别将两次扫描的杂点删除，得到如图 4-5 所示的数据。将两次扫描数据进行合并操作后得到的数据图像如图4-6所示。扫码观看视频 4-2。

数据编辑完成以后，将其导出，保存为 stl 格式。

视频4-2
齿轮模型数据编辑

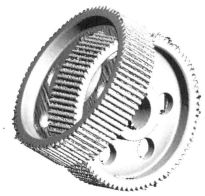

图 4-5　删除杂点后的模型图片　　图 4-6　合并后的模型

任务二

数据处理

应用 Geomagic Wrap 软件将扫描模型数据进行修复，使模型数据完整，获得多边形数据。

一、打开 Geomagic Wrap 软件

将"齿轮"文件拖入界面，选择比率（100%）和单位（mm），进入软件界面，如图 4-7 所示。扫码观看视频 4-3。

视频4-3
齿轮模型数据修复

二、删除多余特征

如图 4-8、图 4-9 所示，利用套索工具，将模型中多余的多边形特征删除，便于后续修复操作。

图 4-7 齿轮多边形数据

图 4-8 多余模型数据

图 4-9 套索工具选择的多边形

三、表面修复

在弹出的网格医生对话框中，分别选择自动修复进行表面光滑处理，系统自动识别模型缺陷，得到如图 4-10 所示的图形。单击确定，完成后数据如图 4-11 所示。

图 4-10　网格医生检索缺陷　　　　图 4-11　修复后模型

四、孔填充

使用【全部填充孔】命令，进行孔填充，默认设置，得到如图 4-12 所示图形。单击☑，完成孔填充，如图 4-13 所示。

图 4-12　孔选择　　　　　　　图 4-13　全部填充孔后图形

五、完善模型

使用套索选择工具将图 4-14 中的多余特征删除，使用【全部填充孔】命令，完成所有孔的填充，使模型完全封闭。完成后如图 4-15 所示。

图 4-14　多余特征

图 4-15　修复完模型

六、保存文件

将数据保存成 stl 格式，以备后续逆向设计使用（图 4-16）。

图 4-16　保存文件类型为 stl

　逆向建模技术

任务三

逆向设计

一、导入数据

打开Geomagic Design X软件，选择菜单下的【插入】—【导入】命令，在弹出的对话框（如图 4-17 所示）中选择要素导入的文件数据"chilun.stl"。扫码观看视频 4-4。

二、对齐坐标系

1. 构建平面

单击下拉菜单【初始】，选择【参考几何图形】选项卡中的 ⊞【平面】来创建新的参考平面，对话框如图 4-18 所示，【方法】选择【提取】，通过上方工具条中的【智能选择】生成的顶面的领域（图 4-19）来生成平面 1，如图 4-20 所示。

图 4-17　导入模型文件

图 4-18　追加平面对话框

图 4-19　提取特征

图 4-20　创建平面 1

图 4-21　创建线对话框

图 4-22　提取圆柱轴特征

2. 创建线

　　单击下拉菜单【初始】，选择【参考几何图形】选项卡中的【线】命令来创建新的参考线，对话框如图 4-21 所示，【方法】选择【检索圆柱轴】，通过上方工具条中的【智能选择】生成特征（图 4-22）来生成线 1，如图 4-23 所示。

3. 添加点

　　单击下拉菜单【初始】，选择【参考几何图形】选项卡中的【点】来创建新的参考点，对话框如图 4-24 所示，【方法】选择【相交线 & 面】，要素选择线 1 和平面 1 来生成点 1，如图 4-25 所示。

4. 坐标对齐

　　手动对齐，单击下拉菜单【对齐】下的【手动对齐】命令按钮，在弹出的对话框，单击➡按钮，

图 4-23　创建线 1

图 4-24　添加点对话框

图 4-25　生成点 1

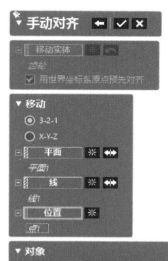

图 4-26　手动对齐对话框

图 4-27　坐标对齐后图像

选择图 4-26 中【移动】下的【3-2-1】选项进行坐标对齐。【平面】选择平面 1，【线】选择线 1，【位置】选择点 1，单击■完成坐标对齐，如图 4-27 所示。

三、逆向建模

1. 创建主体

（1）创建面片草图 1　单击菜单栏中【草图】下的【面片草图】命令，对话框如图 4-28 所示，基准平面选择【上平面】，单击■，完成面片草图创建，如图 4-29 所示。

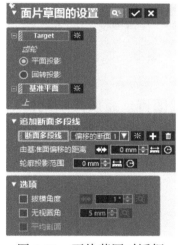

图 4-28　面片草图对话框

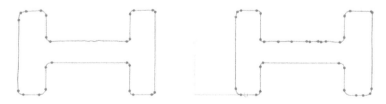

图 4-29　面片草图 1

（2）绘制草图 1　单击绘制中的【矩形】命令，创建三个如图 4-30 所示的矩形，单击完成，拖动绘制线段，调整到与面片线段重合位置，使用【剪切】命令，选择相交剪切，单击多余线段，自动删除多余线段，单击■，退出草图，得到如图 4-31 所示的草图 1。

（3）拉伸　单击【创建实体】中的【拉伸】命令，参数设置如图 4-32 所示，单击■，得到如图 4-33 所示的实体。

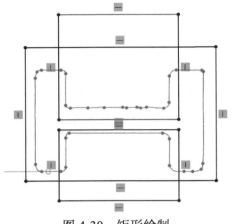

图 4-30　矩形绘制

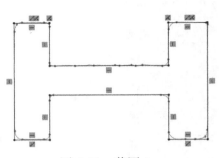

图 4-31　草图 1

图 4-32　回转命令对话框

图 4-33　实体模型

（4）创建孔面片草图 2　利用【前平面】创建面片草图 2，如图 4-34 所示，拖拽箭头到合适位置，得到如图 4-35 所示线段。

（5）绘制草图 2　单击【圆】命令，选择其中一个圆即可，完成圆绘制，单击【智能尺寸】，选择圆，自动出现半径测量，双击尺寸，修改为 11mm，对话

图 4-34　面片草图对话框

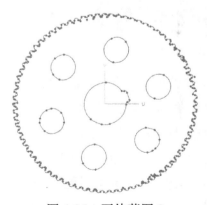

图 4-35　面片草图 2

图 4-36 智能尺寸对话框

图 4-37 草图 2

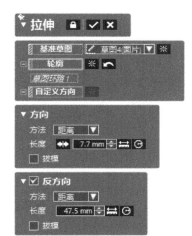

图 4-38 拉伸命令对话框

图 4-41 拉伸实体模型

框如图 4-36 所示，退出草图，得到如图 4-37 所示的草图 2。

（6）拉伸圆 单击【创建实体】中的【拉伸】命令，参数设置如图 4-38 所示，单击☑，得到如图 4-39 所示的实体。

（7）圆阵列 单击【阵列】中的【圆形阵列】命令，参数设置如图 4-40 所示，【体】选择拉伸的圆柱，【回转轴】选择线 1，【要素数】选择 6，【合计角度】为 360°，单击☑，得到如图 4-41 所示实体。

（8）切割体 单击【编辑】中的【布尔运算】命令，参数设置如图 4-42 所示，选择【切割】，【工具要素】选择 6 个圆柱体，【对象体】选择回转 1，单击☑，得到如图 4-43 所示实体。

图 4-39 拉伸实体模型

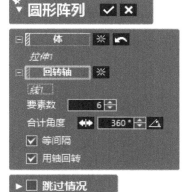

图 4-40 圆形阵列对话框

图 4-42 布尔运算对话框

图 4-43 拉伸实体模型

图 4-44　面片草图对话框

（9）创建键槽　单击【面片草图】命令，对话框如图 4-44 所示，【基准平面】选择【前平面】，拖拽箭头至合适位置，单击✓，得到如图 4-45 所示线段。

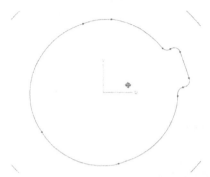

图 4-45　面片草图 3

（10）绘制草图 3　单击【直线】命令，对话框如图 4-46 所示，绘制键槽轮廓，选中其中一条直线，单击鼠标右键选择【固定约束】，如图 4-47 所示，再利用【智能尺寸】命令约束两条直线夹角为 90°，封闭草图，单击✓，得到如图 4-48 所示草图 3。

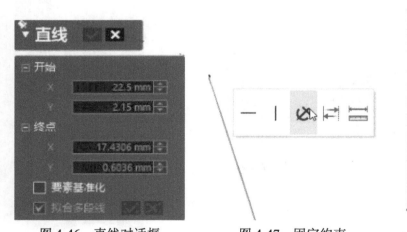

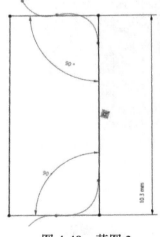

图 4-46　直线对话框　　　　图 4-47　固定约束　　　　图 4-48　草图 3

（11）拉伸键槽　单击【创建实体】中的【拉伸】命令，对话框如图 4-49 所示，选择【反方向】拉伸，调整拉伸距离，【结果运算】选择【切割】，单击✓，得到如图 4-50 所示实体。

（12）创建轮齿特征　单击【面片草图】命令，【基准平面】选择【前平面】，拖拽箭头至合适位置，将基准平面范围调整到合适位置，如图 4-51 所示，单击✓，

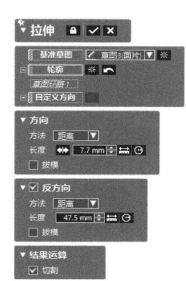

图 4-49 拉伸命令对话框

得到面片草图 4，如图 4-52 所示。

（13）绘制草图 4 选取草图中 1 个特征进行绘制，单击【直线】命令，绘制两条直线，单击【调整】命令，将直线延长至相交，单击【剪切】命令，选择【相交剪切】将多余线段删除，单击【圆角】命令进行倒角，修改半径为 1.1mm，如图 4-53 所示，使用【直线】命令封闭草图，单击【退出草图】，得到面片草图 4，如图 4-54 所示。

图 4-50 拉伸实体模型

图 4-51 基准平面调整位置

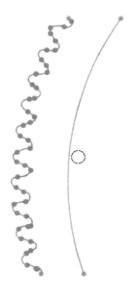

图 4-52 面片草图 4

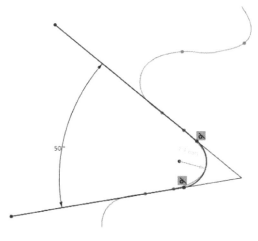

图 4-53 倒角

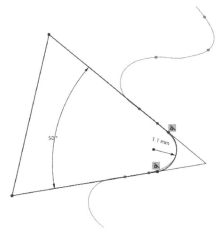

图 4-54 草图 4

（14）拉伸轮齿特征　单击【创建实体】中的【拉伸】命令，选择【反方向】拉伸，调整拉伸距离，单击☑，得到如图 4-55 所示实体。

（a）　　　　　　　　　　　　　　　　（b）

图 4-55　轮齿拉伸实体模型

（15）阵列轮齿特征　单击【阵列】中的【圆形阵列】命令，参数设置如图 4-56 所示，【体】选择拉伸 3，【回转轴】选择线 1，【要素数】选择 80，【合计角度】为 360°，单击☑，得到如图 4-57 所示实体。

（16）布尔运算　单击【编辑】中的【布尔运算】命令，选择【切割】，【工具要素】选择所有轮齿特征，【对象体】选择拉伸 2，如图 4-58 所示，单击☑，得到如图 4-59 所示实体。

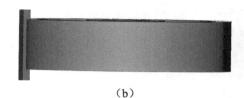

图 4-56　圆形阵列对话框

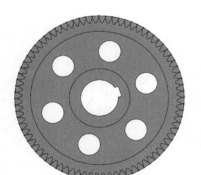

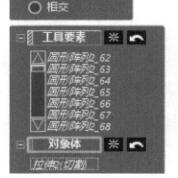

图 4-57　阵列实体模型　　　　图 4-58　布尔运算对话框　　　　图 4-59　齿轮实体模型

（17）倒圆角　单击【编辑】中的【圆角】命令，对模型的边线进行倒圆角，分别设置 1.5mm、3mm、1mm 半径，单击✓，得到如图 4-60 所示的实体。

2. 偏差分析

在【Accuracy Analyzer（TM）】面板的【类型】选项组中选择【体偏差】，结果如图 4-61 所示，误差在 1mm 之内即为合格。

图 4-60　齿轮倒圆角

图 4-61　偏差分析

3. 输出文件

逆向设计完成后的实体模型经检验合格后，就可以应用 3D 打印技术对其进行打印。为了保证零件在软件间的通用性，将模型输出为 stp 格式。

在菜单栏中单击【文件】—【输出】按钮，选择零件为输出要素，如图 4-62 所示，然后单击【确定】按钮，选择文件的保存格式为 stp，将文件命名为"齿轮"，最后单击【保存】按钮。

图 4-62　输出对话框

评价反馈

逆向建模完成后，根据完成情况，对模型进行评价反馈，见表4-1。

表4-1　齿轮模型逆向建模评价表

任务	齿轮模型逆向建模			日期		图例				
班级				姓名						
序号	考核项目	分值		考核内容	考核标准		学生自评	学生互评	教师评价	得分
		配分	考点				30%	30%	40%	
1	数据采集	10	1	扫描策略的制定	获得完整模型数据，视完成情况扣 1～10 分					
2	数据修复	10	1	模型补洞、修复	把模型修复完整，视完成情况扣 1～10 分					
3	领域组	10	1	领域组划分	正确设置参数，完整划分领域组，视完成情况扣 1～10 分					
4	坐标对齐	10	1	正确地进行坐标对齐	坐标对齐，视完成情况扣 1～10 分					
5	草图绘制	30	1	绘制基本草图	草图正确绘制，每完成一个特征绘制得 6 分					
			2	绘制回转草图						
			3	阵列命令的使用						
6	拉伸	20	1	实体拉伸	正确进行回转体拉伸，视完成情况扣 5～20 分					
7	其他	10	1	积极参与小组讨论，认真思考分析问题	不参加小组讨论，有抄图现象的扣 1～5 分					
			2	遵守安全操作规程，操作现场整洁	不遵守安全规程，现场不整洁的扣 1～5 分					
	合计	100								
签字										
教师评价								教师：_____ 日期：_____		

1. 没有进行领域划分，如何进行特征的提取？

2. 拉伸命令中结果运算的切割和合并如何使用？与布尔运算的区别是什么？

拓展实例

本项目在齿轮逆向建模中介绍了阵列命令的使用方法，生活中的阵列特征物体有很多，如数控加工时所用的铣刀（图4-63），试一试是否能够很好地应用阵列命令。

图4-63　铣刀

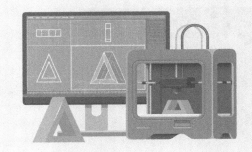

项目五
节能灯扫描与逆向设计

项目目标

知识目标

① 掌握节能灯扫描策略的制定方法；
② 掌握Geomagic Wrap软件的孔的填充方法；
③ 掌握Geomagic Design X软件中放样指令的基本操作方法；
④ 掌握Geomagic Design X软件螺旋体曲线的创建方法。

能力目标

① 能够合理制定节能灯的扫描方案；
② 能够正确使用扫描仪完成节能灯数据的采集；
③ 能够正确地对节能灯的采集数据进行预处理；
④ 能够正确地创建节能灯的草图特征；
⑤ 能够正确地创建节能灯的模型特征。

项目导入

　　节能灯作为日常生活用品，应用非常广泛，需求量也很大，人们对节能灯的要求也越来越高。为了满足市场的需求，对节能灯的结构进行完善，使其更加合理、美观，本项目对节能灯产品进行数据采集，并完成逆向设计。

一、产品分析

该扫描模型为节能灯，结构主要包括灯头、灯管、螺纹等，通过坐标系的建立、草图的绘制、放样以及误差分析等操作完成节能灯的逆向设计。扫描时要求保证扫描数据的完整性，保留节能灯的原有特征，点云分布规整平滑，因此在扫描时采用整体扫描方案。

二、扫描策略的制定

1. 表面分析

节能灯灯管材质为玻璃，灯头材质为铝，外形尺寸不大，主要包括管状与螺纹结构，线条流畅，细节特征主要集中在灯头与灯管部分，扫描时尽量保证数据完整，保留多的细节特征。

2. 制定策略

节能灯模型材质是铝与玻璃，反光，不利于扫描数据的采集，需要进行表面喷粉处理，节能灯模型头部、灯管细节较多，结构比较复杂，采用多角度、多范围、转圈扫描的方式，实时调整扫描角度，保证采集数据的完整性。

三、知识准备

（1）填充单个孔　根据"填充孔"ribbon组中的设置，填充在"图形区域"内一次点击一个孔。

（2）放样　通过至少两个封装轮廓新建放样实体。按照选择轮廓的顺序将其互相连接。或者可将额外轮廓用作向导曲线，以帮助清晰明确地引导放样。

（3）扫描　将草图作为输入创建新扫描实体。扫描需要两个草图，即一个路径和一个轮廓。沿向导路径拉伸轮廓，以创建封闭扫描实体。或者可以将额外轮廓用作向导曲线。

（4）镜像　镜像有关面或平面的单个特征。

任务一

数据采集

一、扫描前的准备

节能灯模型的材质为铝与玻璃，表面光滑且反光，如果不进行喷粉操作扫描会非常困难，所以在扫描前需要先对节能灯产品的表面喷涂一层薄薄的显像剂。在对节能灯进行喷粉操作时，显像剂与节能灯的距离大约为 30cm，在保证扫描精度的前提下喷粉的厚度尽量要薄，如果喷粉过度，会造成厚度增加，影响扫描精度。喷粉后的零件如图 5-1 所示。

图 5-1　喷粉

按照操作规范连接手持式扫描仪，在对节能灯产品扫描前，先对扫描设备进行标定，使其精度达到扫描要求。

擦拭节能灯产品，保证其表面没有污损。

二、采集数据

完成扫描仪校准后，选择并激活其对应的型号，设置扫描参数，如图 5-2 所示。扫码观看视频 5-1。

视频5-1
节能灯数据采集

图 5-2　扫描参数设置

（a）

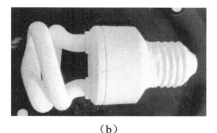

（b）

图 5-3　节能灯摆放位置

1. 节能灯整体数据的采集

按照图 5-3 所示的位置摆放节能灯，选择【扫描】按钮后开始扫描，扫描时手持扫描仪距离节能灯的位置大约为 40cm，距离以指示灯呈绿色为宜。

2. 节能灯细节数据的采集

调整扫描仪的角度，选择灯头螺纹、灯管等区域，单击【恢复扫描】指令，捕捉细节特征。

数据全部采集完成以后，将其导出，另存为 stl 格式。

三、扫描数据编辑

使用扫描仪分两次对节能灯进行扫描，得到扫描的原始数据如图 5-4 所示，然后将两次扫描的杂点删除，得到如图 5-5 所示的数据。将两次扫描数据进行合并操作后得到的数据图像如 5-6 所示。扫码观看视频 5-2。

视频5-2
节能灯数据编辑

图 5-4　扫描后得到的数据图像

图 5-5　删除杂点的数据图像　　　图 5-6　合并扫描数据后得到的图像

任务二

数据处理

应用 Geomagic Wrap 软件将扫描模型数据进行修复，使模型数据完整，获得多边形数据。

一、打开 Geomagic Wrap 软件

将"jienengdeng.stl"文件拖入界面，单位选择 mm，进入软件界面，如图 5-7 所示。扫码观看视频 5-3。

视频5-3
节能灯数据处理

二、修复表面

在弹出的网格医生对话框如图 5-8 所示，分别选择自动修复进行表面光滑处理，得到修复后的节能灯数据图形（图 5-9）。

图 5-7　节能灯三角面片文件　　图 5-8　网格医生对话框　　图 5-9　修复后的节能灯数据

三、降噪处理

选择【多边形】菜单下的【平滑】命令中的【减少噪音】命令，设置参数，得

图 5-10　减少噪音后的数据
　　　　　图像

图 5-11　填充孔后的节能灯
　　　　　数据图像

到表面更加光滑的节能
灯数据，如图 5-10 所示。

四、填充孔

单击【填充单个孔】
命令，依次选择节能灯
中的孔，完成孔的填充，
如图 5-11 所示。

五、保存文件

将数据保存成 stl 格式，以备后续逆向设计使用（图 5-12）。

图 5-12　保存文件类型为 stl

任务三

逆向设计

一、导入数据

打开 Geomagic Design X 软件，选择【菜单】—【导入】，弹出图 5-13 所示对话框，选择模型数据"jienengdeng"，导入数据如图 5-14 所示。扫码观看视频 5-4。

视频 5-4
节能灯逆向设计

图 5-13　导入对话框

图 5-14　导入后的面片

二、建立坐标系

1. 建立参考平面

在模型状态下，单击 ⊞【平面】，系统弹出如图 5-15 所示【追加平面】对话框，单击 ⇅【智能选择】，选择节能灯平面（图5-16），然后单击 ✓，创建平面1，如图 5-17 所示。

图 5-15　追加平面对话框

图 5-16　选择平面

图 5-17　添加平面 1

2. 添加线

　　在模型状态下，单击 ✳【线】，系统弹出如图 5-18 所示【添加线】对话框，单击 💬【智能选择】，选择节能灯灯头圆柱面，如图 5-19 所示，然后单击 ✅，创建直线，如图 5-20 所示。

图 5-18　添加线对话框

图 5-19　选择圆柱面

图 5-20　添加完直线视图

3. 创建点

　　在模型模块下，单击 ✦【点】，系统弹出如图 5-21 所示【添加点】对话框，要素下【方法】选择【相交线 & 面】，选择上述步骤 1、步骤 2 中创建的平面 1 与直线，然后单击 ✅，创建点 1，如图 5-22 所示。

图 5-21　添加点对话框

图 5-22　创建点 1

4. 手动对齐

选择 【手动对齐】，单击➡，进入下一步，
【移动】选择【3-2-1】，平面选择平面 1，线选择
直线 1，位置选择作为点 1，单击【确定】完成
坐标系的对齐，如图 5-23 所示。然后将平面 1、
直线 1、点 1 删除。

三、逆向建模

1. 节能灯上半部分的逆向设计

图 5-23　坐标系

（1）单击鼠标左键选中"上平面"，单击鼠标右键选中【面片草图】，弹出如
图 5-24【面片草图设置】对话框，单击✅，得到节能灯草图轮廓特征图，如图
5-25 所示。单击【旋转】指令将节能灯模型调正方向，为了作图方便，关闭面
片，显示节能灯轮廓草图，如图 5-26 所示。

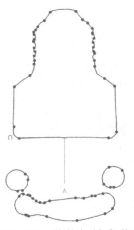

图 5-24　面片草图的设置　　图 5-25　节能灯草图轮廓特　　图 5-26　节能灯轮廓草图
　　　　　　　　　　　　　　　　　　征图

（2）单击 ⟳【三点圆弧】，在弹出的【3 点圆弧】对话框中取消选择【拟合多
段线】，防止软件自动识别多段曲线，更好地绘制节能灯的草图，如图 5-27 所示。
单击鼠标左键，调整圆弧的位置，使绘制的轮廓线与参考线重合。绘制完成后
如图 5-28 所示。单击✎【直线】，弹出直线对话框，同理取消拟合多段线，如
图 5-29 所示。单击鼠标左键，调整直线的位置，使绘制的轮廓线与参考线重合，
绘制完成后如图 5-30 所示。

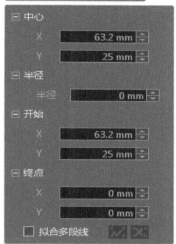

图 5-27　3 点圆弧对话框

（3）重复步骤（2），继续绘制节能灯上半部分轮廓的草图，如图 5-31 所示。

（4）相切约束，鼠标左键选中图 5-31 中的竖直方向的直线，选中【Ctrl】键，然后双节鼠标左键，选中其相邻的圆弧，软件弹出如图 5-32 所示的约束条件对话框，单击【相切】，手动调整后的草图如图 5-33 所示（调整过程中可以打开面片草图进行对比，使绘制的节能灯轮廓更加准确）。

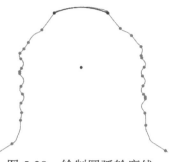

图 5-28　绘制圆弧轮廓线

图 5-29　直线对话框

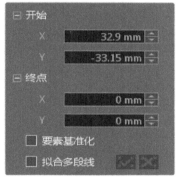

图 5-30　绘制直线轮廓线

图 5-32　约束条件对话框

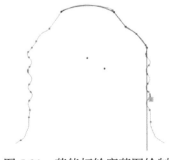

图 5-31　节能灯轮廓草图绘制

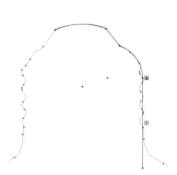

图 5-33　约束完后草图

（5）重复步骤（2），继续绘制节能灯上半部分轮廓的草图，如图 5-34 所示。单击 ＼【剪切】，去除多余的线条，得到的节能灯上半部分草图如图 5-35 所示。确认无误后，单击【退出】，退出草图。

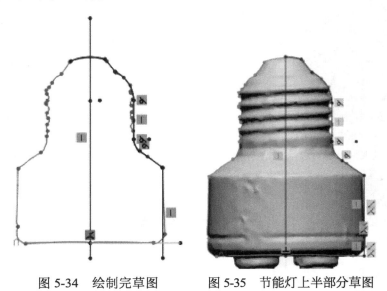

图 5-34　绘制完草图　　　　图 5-35　节能灯上半部分草图

（6）单击【模型】模块下的 ▲【回转】命令，其中【轮廓】选择绘制的草图环路 1，【轴】选择曲线 1，即节能灯的轴线，如图 5-36 所示。单击 ✔，得到的节能灯模型如图 5-37 所示。

图 5-36　回转对话框　　　　　　　　　图 5-37　节能灯模型

2. 倒圆角

在【模型】模块下单击 ▣【圆角】指令，弹出对话框，要素选择如图 5-38 所示边线 1，半径结合曲面片估算和人工调整确定合适的数字，单击 ✔，得到的节能灯实体模型如图 5-39 所示。重复上述步骤，对其余部分进行倒圆角操作，得到的模型如图 5-40 所示。

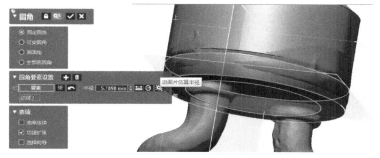

图 5-38　圆角对话框

图 5-39　已完成节能灯实体模型

3. 灯管根部的逆向设计

（1）单击鼠标左键选中【前平面】，单击鼠标右键选中【面片草图】，调整草图到合适的位置，如图 5-41 所示。单击 ✔，得到灯管根部草图如图 5-42 所示。单击【草图】模块下的【智能草图】选中图 5-42 中的两个圆，然后单击【智能尺寸】，调整草图中的圆的大小与位置，完善后的灯管根部草图如图 5-43 所示，确认无误后单击【退出】。

图 5-40　倒圆角后节能灯模型

（2）在【模型】模块下单击 🔲【拉伸】指令，【轮廓】选择步骤（1）绘制的草图，正反两个方向分别进行拉伸，【结果运算】选择【合并】，如图 5-44 所示，确认无误后，单击 ✔，得到如图 5-45 所示模型。

图 5-42　节能灯根管部草图

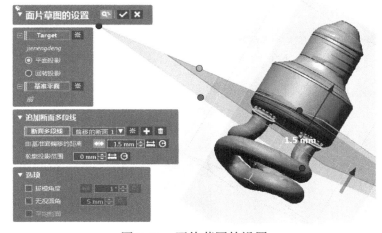

图 5-41　面片草图的设置

图 5-43　完善后节能灯灯管根部草图

图 5-44　拉伸对话框设置

图 5-45　拉伸完节能灯模型

（3）在模型模块下单击 【圆角】指令，弹出对话框，对步骤（2）中拉伸部分进行倒圆角，完成后如图 5-46 所示。

4. 灯管逆向设计

（1）单击【模型】模块下的 ⊞【平面】，【要素】选择【前平面】，【方法】选择【偏移】，偏移距离为 4mm 左右，得到平面 1，再向上偏移 4mm 左右，得到平面 2。

图 5-46　倒圆角后模型

（2）关闭参照平面中的前、上、右，单击鼠标左键选中【平面 1】，单击鼠标右键选中【面片草图】，调整草图到合适的位置，单击 ✓，单击【草图】模块下的【智能草图】识别平面 1 上的两个圆。单击鼠标左键选中【平面 2】，单击鼠标右键选中【面片草图】，调整草图到合适的位置，单击 ✓，单击【草图】模块下的【智能草图】识别平面 2 上的两个圆。完成后的模型如图 5-47 所示。

图 5-47　灯管草图

（3）手动调整节能灯模型的位置，绘制灯管其余位置的草图截面。单击【模型】模块下的【平面】⊞，【方法】下选择【绘制直线】，如图 5-48 所示。单击鼠标左键选中【平面 3】，单击鼠标右键选中【面片草图】，调整草图到合适的位置，单击 ✓，单击

图 5-48　追加平面

【草图】模块下的【智能草图】或【圆】识别平面 3 上的圆，如图 5-49 所示。重复以上步骤，绘制其余圆，为节能灯灯管的建模奠定基础（为了更好地实现节能灯灯管的逆向建模，在绘制平面时，在节能灯灯管曲率较大的位置创建较多的平面，曲率小的位置创建较少的平面）。完成灯管截面的创建，如图 5-50 所示。

图 5-49　识别平面 3 上圆

图 5-50　灯管截面草图创建完成

图 5-51　放样对话框

（4）单击【模型】模块下的 🍴【放样】指令，弹出放样对话框，如图 5-51 所示，轮廓依次选择步骤（3）中绘制的灯管草图（通过调整圆球的位置可以调整创建的灯管模型，使其更加合理），如图 5-52 所示。将步骤（3）中所建草图全部选择后如图 5-53 所示，确认无误后单击■，关闭面片后，得到如图 5-54 所示的节能灯实体模型（此时也可以对节能灯模型进行调整）。

（5）关闭节能灯上半部分，单击【模型】模块下的 🔲【移动面】命令，选中灯管底部两个面，【方向】选择【前平面】，拉伸适当的距离，然后选中关闭的节能灯的上半部分，如图 5-55 所示，确认无误后单击■，得到的模型如图 5-56 所示。

图 5-52　依次选择灯管草图

图 5-53　选择完草图后显示
模型

图 5-54　放样完成后节能灯
模型

图 5-55　移动面参数设置

图 5-56　节能灯模型

（6）单击【模型】模块下的 ﾠ【布尔运算】命令，操作方法选择【合并】，分别选择节能灯的上半部分与节能灯的灯管，将其合并为一个整体，如图 5-57所示。

（7）单击【模型】模块下的 ﾠ【圆角】指令，弹出对话框，对灯管与节能灯结合部位进行倒圆角，完成后如图 5-58 所示。

图 5-57　布尔运算操作

图 5-58　倒圆角操作

5. 螺纹槽的逆向

（1）关闭节能灯实体，打开面片，找到螺纹的起始位置。单击【模型】模块下的 ﾠ【点】命令，选择螺纹的起始点位置，如图 5-59 所示，确认无误后单击 ﾠ。

（2）单击【模型】模块下的 ﾠ【线】命令，方法选择【检索圆柱轴】，选择节能灯实体模型的中间圆柱部分，如图 5-60 所示，确认无误后单击 ﾠ。

图 5-59　添加点对话框

图 5-60　添加轴线

逆向建模技术

图 5-61　创建新平面

（3）单击【模型】模块下的⊞【平面】命令，方法选择【选择点和圆锥轴】，选择步骤（1）中创建的点 1 与步骤（2）中创建的线 1，如图 5-61 所示，确认无误后单击☑，创建新的平面。

（4）单击鼠标左键选中步骤（3）中新建平面，单击鼠标右键选中【面片草图】，调整草图到合适的位置，单击☑，如图 5-62 所示。

（5）单击【模型】模块下的◢【直线】命令，绘制草图（图 5-63）。

（6）绘制螺纹的螺旋线。选中实体，单击【菜单】下的【插入】【建模特征】中的【螺旋体曲线】，【轴】选择灯口所在圆柱面，【开始】选择步骤（1）中创建的点，如图 5-64 所示，确认无误后，单击☑。

图 5-62　自动识别草图

图 5-63　绘制草图

图 5-64　螺旋体曲线参数设置

（7）单击【模型】模块下的◎【扫描】命令，【轮廓】选择步骤（5）中绘制的草图，【路径】选择步骤（5）中绘制的螺旋线，【结果运算】选择【切割】，如图 5-65 所示，确认无误后，单击☑。关闭面片，得到如图 5-66 所示的节能灯实体模型。

（8）在【模型】模块下单击◎【圆角】指令，弹出对话框，螺旋线进行倒圆角，最后完成的节能灯实体模型如图 5-67 所示。

图 5-65　扫描参数设置

图 5-66　节能灯实体模型

图 5-67　节能灯实体模型

6. 偏差分析

如图 5-68 所示，在【Accuracy Analyzer(TM)】面板的【类型】选项组中选择
【体偏差】，结果如图 5-69 所示，误差在 1mm 之内即为合格。

图 5-68　偏差分析对话框　　图 5-69　偏差分析

7. 输出文件

逆向设计完成后的实体模型经检验合格后，就可以应用 3D 打印技术对其进
行加工。为了保证零件在软件间的通用性，将模型输出为 stp 格式。

在菜单栏中单击【文件】下的【输出】按钮，选择零件为输出要素，如图 5-70
所示，然后单击【确定】按钮，选择文件的保存格式为 stp，将文件命名为
"jienengdeng"，最后单击【保存】按钮。

图 5-70　保存文件

评价反馈

逆向建模完成后，根据完成情况，对模型进行评价反馈，见表5-1。

表5-1 节能灯模型逆向建模评价表

任务	节能灯模型逆向建模			日期		图例				
班级				姓名						
序号	考核项目	分值		考核内容	考核标准	学生自评 30%	学生互评 30%	教师评价 40%	得分	
		配分	考点							
1	数据采集	20	1	扫描策略的制定	获得完整模型数据，视完成情况扣 5～20 分					
2	数据修复	10	1	模型补洞、修复	把模型修复完整，视完成情况扣 1～10 分					
3	坐标对齐	10	1	正确地进行坐标对齐	坐标对齐，视完成情况扣 1～10 分					
4	草图绘制	20	1	绘制基本草图，草图尺寸约束	曲面偏移、放样命令正确使用，视完成情况扣 5～20 分					
5	放样	10	1	放样，绘制节能灯灯管	进行放样操作，视完成情况扣 1～10 分					
5	螺旋体曲线	10	1	正确绘制灯管的螺纹	绘制灯管螺纹，视完成情况扣 1～10 分					
7	布尔运算	10	2	布尔运算	熟练使用布尔运算求差、合并，视完成情况扣 1～10 分					
8	其他	10	1	积极参与小组讨论，认真思考分析问题	不参加小组讨论，有抄图现象的扣 1～5 分					
			2	遵守安全操作规程，操作现场整洁	不遵守安全规程，现场不整洁的扣 1～5 分					
	合计	100								
				签字						
教师评价								教师： _____		
								日期： _____		

1. 绘制节能灯灯管草图时的注意事项是什么？
2. 灯管螺纹的绘制步骤是什么？

拓展实例

本项目利用放样的方法对节能灯进行逆向建模，图 5-71 的弹簧与节能灯的结构是不是有类似的地方呢？尝试利用学习的方法做出一个弹簧吧！

图 5-71　弹簧

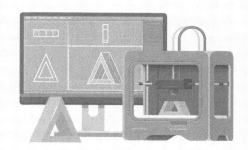

项目六
叶片扫描与逆向设计

项目目标

知识目标

① 掌握叶片扫描策略的制定方法；
② 掌握Geomagic Wrap软件的模型修复的方法；
③ 掌握Geomagic Design X软件样条曲线命令的使用方法；
④ 掌握Geomagic Design X软件放样建模的使用方法。

能力目标

① 能够合理制定叶片的扫描方案；
② 能够正确使用扫描仪完成叶片数据的采集；
④ 能够正确地对叶片的采集数据进行编辑；
④ 能够正确地创建叶片的草图特征；
⑤ 能够正确地创建叶片的模型特征。

项目导入

　　某公司想要获得叶片的三维数据模型并对叶片的受力情况进行分析，故采用逆向建模技术，对叶片进行数据扫描和建模。

一、产品分析

该扫描模型为叶片，叶片表面由复杂的自由曲面构成，本项目采用逆向建模技术，通过 GOSCAN50 手持扫描仪测量叶片的三维数据，依据该叶片的尺寸数据进行模型构造。

二、扫描策略的制定

1. 表面分析

观察叶片模型，模型表面平整，在强光照射下反光现象不强烈，可以直接进行扫描。

2. 制定策略

模型整体平整，特征较少且规则，故采用纹理扫描，定位点参数设置为半刚性定位和使用自然特征，无须使用标志点。将模型放置在贴有标志点的平面内，进行扫描。

三、知识准备

Geomagic Design X 软件功能介绍

（1）⁀样条曲线 样条曲线 使用插入点绘制样条曲线。插入点直接在样条曲线上存在。

（2）放样 至少使用两个轮廓新建放样曲面实体。按照选择轮廓的顺序将其互相连接。或者，可将额外轮廓用作向导曲线，以帮助清晰明确地引导放样。

（3）调整 通过托选调整草图要素的尺寸。

（4）移动面 移动面 在面上应用线形或旋转变换，结果面与原实体或原曲面保持连接。

（5）转换实体 将已选定的 CAD 边线、曲线或者草图转变为当前草图。

项目
实施

任务一

数据采集

一、扫描前准备

图 6-1　扫描参数设置

正确连接扫描仪，并激活其对应的型号，设置扫描参数，如图 6-1 所示。扫码观看视频 6-1。

视频6-1
叶片数据采集

二、数据采集

按照图 6-2 的位置摆放叶片，选择【扫描】按钮后开始扫描，扫描时手持扫描仪距离叶片的位置大约为 40cm，距离以指示灯呈绿色为宜，进行扫描。

使用扫描仪对零件进行两次扫描后，得到数据如图 6-3 所示。

三、扫描数据编辑

分别将两次扫描数据的杂点删除，得到如图 6-4 所示的数据。将两次扫描数据进行合并操作后得到的数据图像如图 6-5 所示。扫码观看视频 6-2。

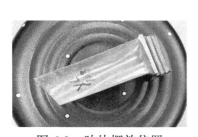

图 6-2　叶片摆放位置

图 6-3　扫描后数据模型

视频6-2
叶片数据编辑

图 6-4　编辑后数据　　　　　　　图 6-5　合并后数据

数据编辑完成以后，将其导出，保存为 stl 格式。

逆向建模技术

任务二

数据处理

应用 Geomagic Wrap 软件将扫描模型数据进行修复，使模型数据完整。

一、打开 Geomagic Wrap 软件

将"yepian"文件拖入界面，选择比率（100%）和单位（mm），进入软件界面，如图 6-6 所示。扫码观看视频 6-3。

视频6-3
叶片数据处理

二、数据修复

在弹出的网格医生对话框中，系统自动识别模型缺陷，如图 6-7 所示。自动修复并进行表面光滑处理，单击【确定】，完成后的数据如图 6-8 所示。

选择【多边形】菜单下的【平滑】命令中的【删除钉状物】命令，设置参数如图 6-9 所示，得到表面更加光滑的叶片数据，如图 6-10 所示。

图 6-6　叶片多边形数据

图 6-7　网格医生检索缺陷

图 6-8　修复后模型

图 6-9　删除钉状物对话框　　　　　　　图 6-10　处理后模型

三、保存文件

将数据保存成 stl 格式，以备后续逆向设计使用（图 6-11）。

图 6-11　文件保存

逆向建模技术

任务三

逆向设计

一、导入数据

打开 Geomagic Design X 软件，单击【导入】命令，在弹出的对话框中选择要素导入的文件数据"yepian.stl"，设置尺寸，如图 6-12 所示，导入模型如图 6-13 所示。扫码观看视频 6-4。

视频6-4
叶片逆向设计

图 6-12　尺寸设置

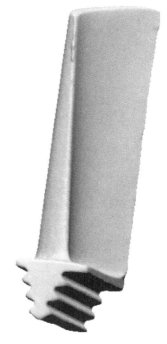

图 6-13　导入模型

二、对齐坐标系

1. 构建平面

单击下拉菜单【初始】，选择【参考几何图形】选项卡中的【平面】来创建新的参考平面，对话框如图 6-14 所示，【方法】选择【选择多个点】，如图 6-15 所示选取多个点，创建如图 6-16 所示的平面 1。

2. 创建曲面

在平面 1 内创建面片草图，用【直线】命令绘制如图 6-17 所示直线，并约

图 6-14　追加平面

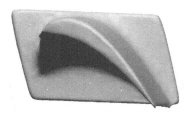

图 6-15　点的选择

图 6-16　创建平面 1

束夹角为 90°，退出草图，单击【创建曲面】中的【拉伸】命令，将两条直线拉伸成为曲面，如图 6-18 所示。

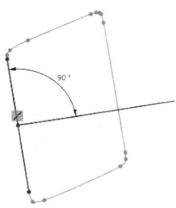

图 6-17　绘制直线

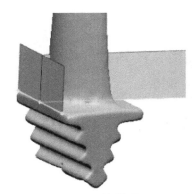

图 6-18　拉伸曲面

3. 坐标对齐

　　手动对齐，单击菜单栏中【对齐】模块下的【手动对齐】命令按钮，在弹出的对话框，单击 ➡ 按钮，方法选择的【X-Y-Z】选项进行坐标对齐。如图 6-19 所示进行设置，【位置】选择三个平面的交点顶点 1，【X轴】选择曲面 1，【Z轴】选择平面 1，单击☑完成坐标对齐，如图 6-20 所示。将创建的平面及曲面删除，便于后续建模操作。

三、逆向建模

1. 创建主体

　　（1）创建平面 1　单击【平面】命令，以【前平面】为基准创建平面 1，避开叶片根部特征，

图 6-19　手动对齐对话框

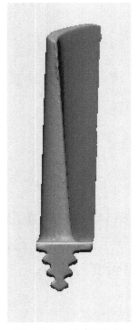

图 6-20　坐标对齐

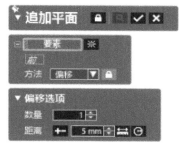

图 6-21　追加平面对话框

【方法】选择【偏移】，【数量】设置为1，【距离】设置为 5mm，如图 6-21 所示。单击☑，得到如图 6-22 所示平面 1。

（2）追加平面　以平面 1 为基准，【方法】选择【偏移】，【数量】设置为 2，【距离】设置为 57.5mm，如图 6-23 所示。单击☑，得到如图 6-24 所示平面。

（3）创建面片草图 1　单击【面片草图】命令，如图 6-25 所示进行参数设置，以平面 1 为基准，得到如图 6-26 所示线段。

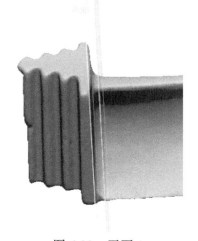

图 6-22　平面 1

图 6-23　追加平面对话框

图 6-24　追加平面

（4）绘制草图 1　单击【样条曲线】，框选面片草图 1 所有线段，参数设置如图 6-27 所示，【控制点数】设置为 55，【平滑】设置中等，【局部平滑】设置为最大，拖动如图 6-28 所示的点与线段无限重合，调整后，退出面片草图，得

图 6-25　面片草图对话框

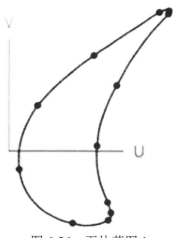

图 6-26　面片草图 1

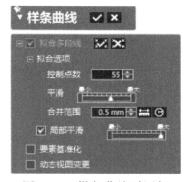

图 6-27　样条曲线对话框

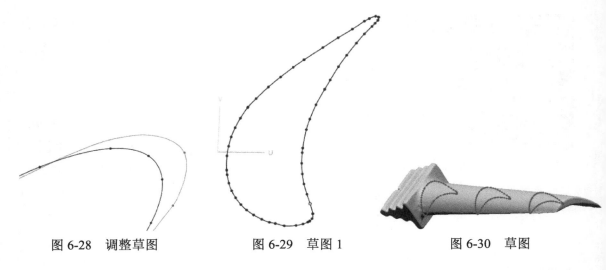

图 6-28　调整草图　　　　　图 6-29　草图 1　　　　　图 6-30　草图

到如图 6-29 所示的草图 1。用同样方法进行草图 2 和草图 3 的绘制，如图 6-30
所示。

（5）创建实体 1　单击【放样】命令（图 6-31），依次选择三个草图，单击 ☑，
得到如图 6-32 所示实体 1。

（6）调整实体 1 大小　单击【移动面】命令如图
6-33 所示，面和方向选择如图 6-34 所示，调整移动
距离，单击 ☑，得到如图 6-35 所示实体 1。

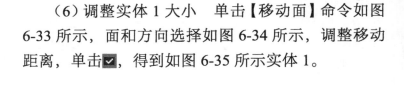

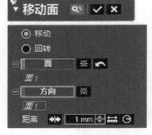

图 6-31　放样对话框　　　　　图 6-32　放样实体 1　　　　　图 6-33　移动面对话框

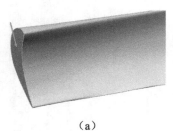

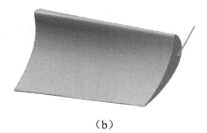

（a）　　　　　　　　　　（b）

图 6-34　移动面　　　　　　　　　　　　图 6-35　实体 1

（7）切割实体 1　如图 6-36 所示进行参数设置，【工具要素】选择前平面，【对象体】选择实体 1，【残留体】选择图 6-37 右侧部分，单击✅，得到图 6-38 所示实体。

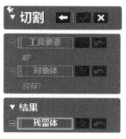

图 6-36　切割对话框

图 6-37　选择残留体

图 6-38　切割 1

图 6-39　追加平面对话框

（8）切割实体 2　创建新平面，如图 6-39 所示进行参数设置，【方法】选择【选择多个点】，在图 6-40 所示位置选择 4 个点，单击✅得到平面 4。

单击【切割】命令，【工具要素】选择平面 4，【对象体】选择实体 1，【残留体】选择图 6-41 深色部分，单击✅得到图 6-42 所示实体。

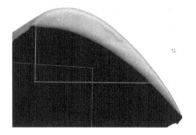

图 6-40　点的选择

图 6-41　切割

图 6-42　切割 2

（9）创建面片草图 4　以【上平面】为基准追加平面，参数设置如图 6-43 所示，【方法】选择【偏移】，调整合适距离，获得【平面 5】，如图 6-44 所示。

单击【面片草图】命令，【基准平面】选择平面 5，单击完成，得到如图 6-45 所示面片草图 4。

（10）绘制草图 4　单击【直线】命令，进行直线绘制，如图 6-46 所示。

单击【圆角】命令，进行圆角绘制，单击【剪切】命令，获得夹

图 6-43　追加平面对话框

图 6-44　平面 5

图 6-45　面片草图 4

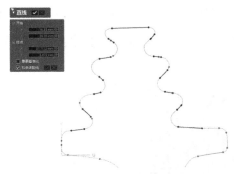

图 6-46　绘制直线

角，如图 6-47 所示。

　　单击【矩形】命令，绘制矩形，单击矩形直线进行调整，得到如图 6-48 所示矩形。

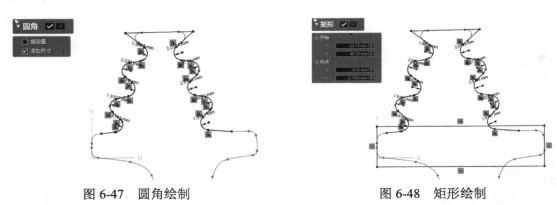

图 6-47　圆角绘制　　　　　　　　　　　　　图 6-48　矩形绘制

　　单击【剪切】命令，选择分割剪切，删除多余直线，单击【圆角】命令，进行圆角绘制，单击☑完成，得到如图 6-49 所示草图 4。

　　（11）拉伸草图 4　单击【创建实体】中【拉伸】命令，如图 6-50 所示进行参数设置，选择【反方向】，拉伸模型大于面片模型即可，单击☑，得到如图 6-51 所示实体 2。

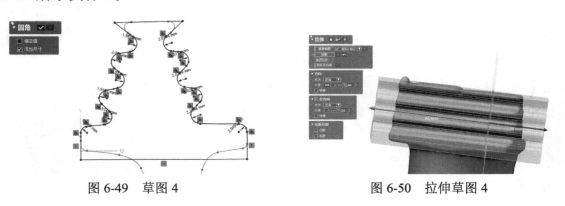

图 6-49　草图 4　　　　　　　　　　　　　图 6-50　拉伸草图 4

（12）创建面片草图 5　以【上平面】为基准追加平面，参数设置如图 6-52 所示，【方法】选择【偏移】，调整方向与合适距离，获得【平面 6】，如图 6-53所示。

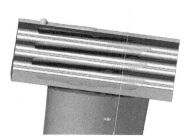

图 6-51　实体 2

图 6-52　追加平面

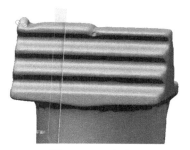

图 6-53　平面 6

单击【面片草图】命令，【基准平面】选择平面 6，单击✓，得到如图 6-54 所示的面片草图 5。

（13）绘制草图 5　单击【直线】命令，进行如图 6-55 所示的直线绘制，单击【转换实体】命令，单击图 6-56 中箭头所指的两条直线。

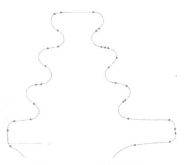

图 6-54　面片草图 5

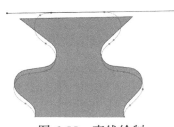

图 6-55　直线绘制

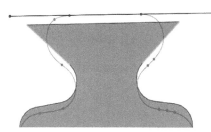

图 6-56　转换实体

单击【剪切】命令，选择【相交剪切】，依次选择三条直线，完成如图 6-57所示的草图剪切，得到草图 5。

（14）拉伸草图 5　单击【创建实体】中【拉伸】命令，如图 6-58 所示进行参

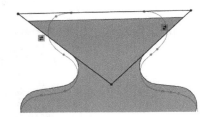

图 6-57　相交剪切

图 6-58　拉伸对话框

数设置，选择【反方向】，拉伸模型大于面片模型即可，单击✓，得到如图 6-59 所示实体 3。

（15）创建草图 6　选中图 6-60实体 2 的表面，单击右键选择【草图】命令，关闭实体显示，使用【直线】命令，绘制草图 6（图 6-61）。

（16）拉伸草图 6　单击【创建实体】中【拉伸】命令，如图 6-62 所示设置，单击✓得到如图 6-63 所示的实体 4。

（17）切割实体　单击【布尔运算】命令，参数如图 6-64 所示进行设置，【操作方法】选择【切割】，【工具要素】选择实体 4，【对象体】选择

图 6-59　实体 3

图 6-60　基准平面选择

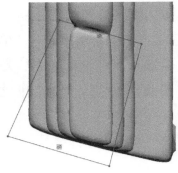

图 6-61　草图 6

图 6-62　拉伸对话框

图 6-63　创建实体 4

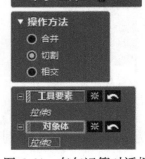

图 6-64　布尔运算对话框

实体3，单击☑，得到如图6-65所示结果。

（18）合并　单击【布尔运算】命令，参数如图6-66所示进行设置,【操作方法】选择【合并】,【工具要素】选择两个拉伸体，单击☑得到如图6-67所示结果。

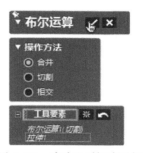

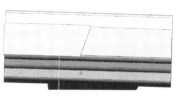

图6-65　布尔运算结果　　　图6-66　布尔运算对话框　　　图6-67　布尔运算结果

（19）去除多余特征　创建面片草图6，在【前平面】上进行【面片草图】，如图6-68所示参数设置，得到如图6-69所示的面片草图6。

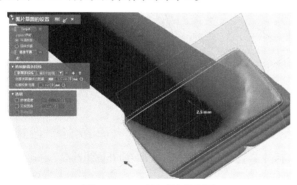

图6-68　面片草图设置

图6-69　面片草图

图6-70　绘制草图6

绘制草图6，单击【直线】命令，完成草图6绘制（图6-70）。

拉伸草图6，单击【创建实体】中的【拉伸】命令，参数如图6-71所示进行设置，选择【反方向】，调整合适距离，单击☑，得到如图6-72所示的实体。

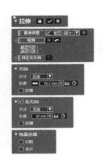
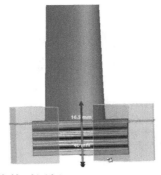

图 6-71　拉伸对话框　　　　　　　　　　图 6-72　创建实体

切割，单击【布尔运算】命令，参数如图 6-73 所示进行设置，【操作方法】
选择【切割】，【工具要素】选择拉伸体，单击✔得到如图 6-74 所示结果。

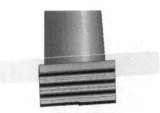

图 6-73　布尔运算对话框　　　　图 6-74　切割实体

（20）创建面片草图 8　在如图 6-75 所示的实体平面上单击右键选择【面片
草图】命令，如图 6-76 所示进行面片草图参数设置，得到如图 6-77 所示的面片
草图 8。

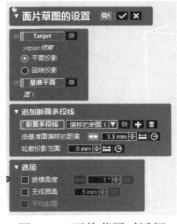

图 6-75　基准平面的选择　　　图 6-76　面片草图对话框　　　图 6-77　面片草图 8

（21）绘制草图 8　单击【直线】命令，进行直线绘制，使用【剪切】命令对直线进行调整，得到如图6-78 所示的草图 8。

图 6-78　草图 8

（22）拉伸草图 8　单击【创建实体】中的【拉伸】命令，参数如图 6-79 所示进行设置，选择【反方向】，调整合适距离，单击，得到如图 6-80 所示的实体，并将此特征与整体进行合并。

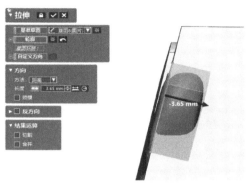

图 6-79　拉伸设置

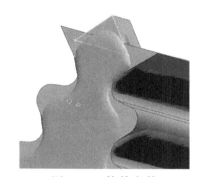

图 6-80　拉伸实体

（23）倒角　单击【圆角】命令，对特征进行倒圆角，参数设置如图 6-81 所示，单击【自动估算】，测算出圆角值，取整进行设置，倒角完成后得到如图6-82 所示的模型。

图 6-81　圆角对话框

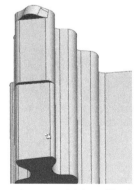

图 6-82　倒角后模型

（24）切割多余实体　单击【切割】，参数如图 6-83 所示进行设置，得到如图 6-84 所示的模型。

（25）去除多图特征　追加平面 7，单击【平面】命令，参数设置如图 6-85所示，【方法】选择【选择多个点】，创建平面 7。

图 6-83 切割对话框

图 6-84 切割后模型

图 6-85 平面 7 创建

切割，单击【切割】命令，参数设置如图 6-86 所示，【工具要素】选择平面 7，【对象体】选择叶片上部分，【残留体】选择如图 6-87 所示箭头所指部分，单击☑，得到的最终模型如图 6-88 所示。

图 6-86 切割对话框

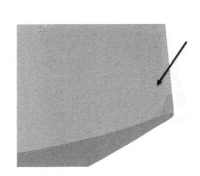

图 6-87 残留体选择

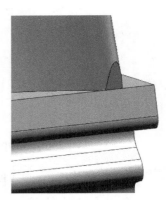

图 6-88 模型

（26）合并 利用【布尔运算】，将创建的叶片两部分实体进行合并，如图 6-89 所示进行参数设置，得到完整的实体。

图 6-89 合并

（27）倒角 单击【圆角】命令，参数如图 6-90 所示进行设置，单击【自动估算】，测量圆角值，单击☑，得到如图 6-91 所示的模型。

图 6-90　圆角对话框

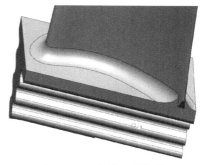

图 6-91　倒角后模型

单击【圆角】命令，参数如图 6-92 所示进行设置，单击【自动估算】，测量圆角值，单击█，得到如图 6-93 所示的模型。

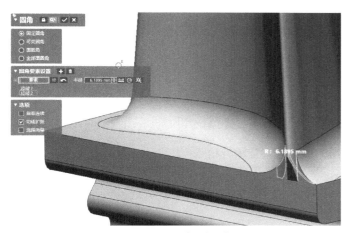

图 6-92　圆角对话框

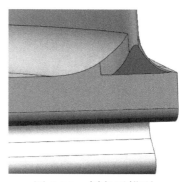

图 6-93　倒角后模型

2. 偏差分析

在【Accuracy Analyzer（TM）】面板的【类型】选项组中选择【体偏差】，结果如图 6-94 所示，误差在 1mm 之内即为合格。

3. 输出文件

逆向设计完成后的实体模型经检验合格后，就可以应用 3D 打印技术对其进行打印。为了保证零件在软件间的通用性，将模型输出为 stp 格式。

在菜单栏中单击【文件】—【输出】按钮，选择零件为输出要素，如图 6-95所示，然后单击【确定】按钮，选择文件的保存格式为 stp，将文件命名为"叶片"，最后单击【保存】按钮。

图 6-94 体偏差

图 6-95 文件输出

 评价反馈

逆向建模完成后，根据完成情况，对模型进行评价反馈，见表 6-1。

表6-1 叶片模型逆向建模评价表

任务	叶片模型逆向建模			日期		图例			
班级				姓名					
序号	考核项目	分值		考核内容	考核标准	学生自评	学生互评	教师评价	得分
		配分	考点			30%	30%	40%	
1	数据采集	10	1	扫描策略的制定	获得完整模型数据，视完成情况扣 1～10 分				
2	数据修复	10	1	模型补洞、修复	把模型修复完整，视完成情况扣 1～10 分				
3	领域组	10	1	领域组划分	正确设置参数，完整划分领域组，视完成情况扣 1～10 分				
4	坐标对齐	10	1	正确地进行坐标对齐	坐标对齐，视完成情况扣 1～10 分				

5	草图绘制	30	1	样条曲线功能的使用	草图正确绘制，每完成一个特征绘制得 10 分			
			2	曲面的调节命令的使用				
			3	平面的创建方法				
6	拉伸	20	1	实体拉伸	正确进行回转体拉伸，视完成情况扣 1 ～ 10 分			
7	其他	10	1	积极参与小组讨论，认真思考分析问题	不参加小组讨论，有抄图现象的扣 1 ～ 5 分			
			2	遵守安全操作规程，操作现场整洁	不遵守安全规程，现场不整洁的扣 1 ～ 5 分			
	合计	100						
	签字							
教师评价					教师： _____ 日期： _____			

思考与练习

1. 是否所有模型都需要进行领域组划分？
2. 草图与面片草图的区别是什么？

拓展实例

本项目介绍了叶片的建模方法，建模过程中介绍了新的命令的使用，尝试将下面这个护手霜的包装（图 6-96）进行逆向建模。

图 6-96 护手霜包装

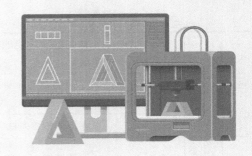

项目七
椭圆体扫描与逆向设计

项目
目标

知识目标

① 掌握椭圆体扫描策略的制定方法；
② 掌握Geomagic Design X软件曲面体模型特征的创建方法；
③ 掌握Geomagic Design X软件中延长曲面、剪切曲面的操作方法。

能力目标

① 能够合理制定椭圆体的扫描方案；
② 能够正确使用扫描仪完成椭圆体数据的采集；
③ 能够正确地对椭圆体的采集数据进行预处理；
④ 能够正确地创建椭圆体的草图特征；
⑤ 能够正确地创建椭圆体的模型特征。

项目
导入

　　椭圆体作为三坐标测量仪的测量样件，精度要求较高，为了在测量样件出现破损、变形等不可控情形时，有满足精度要求的替换样件，对椭圆体没有损坏的原产品进行数据采集，并完成逆向设计。

一、产品分析

该扫描模型为椭圆体，包括圆柱体、凸台、型腔等模型特征，通过坐标系的建立、草图的绘制、典型特征的建模以及误差分析等操作完成椭圆体的逆向设计。扫描时要求保证扫描数据的完整性，保留椭圆体的原有特征，点云分布规整平滑，因此在扫描时采用整体扫描方案。

二、扫描策略的制定

1. 表面分析

观察后发现该模型表面无反光，利于数据的采集，无须进行表面特殊处理。

2. 制定策略

椭圆体的上半部分是有一个光滑的曲面，顶部是矩形凸起及凹坑，数据采集比较简单；下半部分结构比较复杂，凹坑特征较多，需要经过多角度、多范围的扫描才能保证扫描数据的完整性。

三、知识准备

Geomagic Design X 软件功能介绍

（1）自动曲面创建　在面片上自动创建曲线网格并将曲面片拟合至保持底层网格精度的网格。

（2）面片拟合　将曲面拟合至所选单元面或领域上。

（3）剪切曲面　运用剪切工具将曲面体剪切成片。剪切工具可以是曲面、实体或曲线。可手动选择剩余材质。

（4）延长曲面　延长曲面体的境界。用户可选择并延长单个曲面边线或选择整体曲面和所有待延长的开放边线。

任务一
数据采集

一、扫描前的准备

（1）按照操作规范连接手持式扫描仪，在对椭圆体扫描前先对扫描设备进行校准，使其精度达到扫描要求。

（2）擦拭椭圆体，保证其表面没有破损，并将其放置在平台上。使用扫描仪对零件进行两次扫描后，得到扫描的原始数据如图 7-1 所示，然后进行数据编辑。扫码观看视频 7-1。

图 7-1　扫描后得到的数据图像

视频7-1
椭圆体数据采集

二、采集数据

完成扫描仪校准后，选择并激活其对应的型号，设置扫描参数，如图 7-2 所示。

1. 椭圆体整体数据的采集

按照图 7-3 的位置摆放椭圆体，选择"扫描"按钮后开始扫描，扫描时手持扫描仪距离椭圆体的位置大约为 40cm，距离以指示灯呈绿色为宜。

2. 椭圆体细节数据的采集

调整扫描仪的角度，选择侧面、型腔等区域，

图 7-2　扫描参数设置

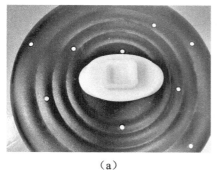 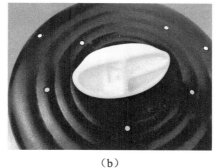

（a）   （b）

图 7-3　椭圆体摆放位置

单击【恢复扫描】指令，捕捉细节特征。

数据全部采集完成以后，将其导出，另存为 stl 格式。

三、扫描数据编辑

使用扫描仪分两次对椭圆体进行扫描，将两次扫描的杂点删除，得到如图 7-4 所示的数据。将两次扫描数据进行合并操作后得到的数据图像如图 7-5 所示。扫码观看视频 7-2。

视频7-2
椭圆体数据编辑

图 7-4　删除杂点的数据图像

图 7-5　合并扫描数据后得到的图像

任务二
数据处理

应用 Geomagic Wrap 软件将扫描的三角面片数据进行修复，去除钉状物，完成孔修补，形成完整数据模型，获得多边形数据。

一、打开 Geomagic Wrap 软件

将"tuoyuanti.asc"文件拖入界面，选择比率（100%）和单位（mm），进入软件界面，如图 7-6 所示。扫码观看视频 7-3。

图 7-6　椭圆体扫描数据

视频7-3
椭圆体数据修复

二、数据修复

在弹出的网格医生对话框（图 7-7）中，分别选择自动修复进行表面光滑处理，得到如图 7-8 所示的图形。

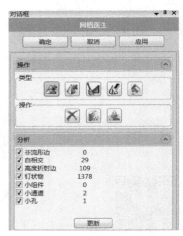

图 7-7　网格医生对话框

三、降噪处理

选择【多边形】菜单下的【平滑】命令中的【减少噪音】命令，设置参数如图 7-9 所示，得到表面更加光滑的椭圆体数据，如图 7-10 所示。

图 7-8　修复后的椭圆体数据

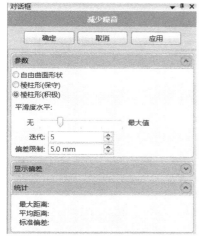

图 7-9 减少噪音对话框

图 7-10 减少噪音后的数据图像

四、保存文件

将数据保存成 stl 格式，以备后续逆向设计使用（图 7-11）。

图 7-11 保存文件类型为 stl

任务三

逆向设计

一、导入数据

打开 Geomagic Design X 软件，选择菜单下的【插入】—【导入】命令，在弹出的对话框如图 7-12 中选择要素导入的文件数据"tuoyuanti.stl"，导入点云后的界面如图 7-13 所示。扫码观看视频 7-4。

图 7-12　导入对话框

视频7-4
椭圆体逆向设计1

图 7-13　导入后的面片

二、对齐坐标系

1. 构建平面

单击下拉菜单【领域】，选择 ⚙【自动分割】命令，对话框如图 7-14 所示，敏感度设置为 65，其余参数不变。单击 ☑ 后，得到如图 7-15 所示的自动划分领域的图形。

 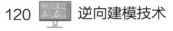

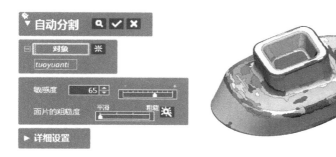

图 7-14　自动分割领域对话框　　　图 7-15　自动分割后的领域

　　单击下拉菜单【初始】，选择【参考几何图形】选项卡中的⊞【平面】来创建新的参考平面，对话框如图 7-16 所示，【方法】选择【提取】，通过上方工具条中的【智能选择】生成的顶面的领域（图 7-17）来生成平面 1，如图 7-18 所示。

图 7-16　创建平面对话框　　　图 7-17　选择顶面领域　　　图 7-18　创建的平面 1

　　单击下拉菜单【初始】，选择【参考几何图形】选项卡中的⊞【平面】来创建新的参考平面，对话框如图 7-19 所示，【方法】选择【平均】，通过上方工具条中的【智能选择】生成的与顶面垂直相交的前面和侧面生成平面 2（图 7-20）和平面 3（图 7-21）。

图 7-19　创建平面对话框　　　图 7-20　创建的平面 2　　　图 7-21　创建的平面 3

2. 对齐

　　单击下拉菜单【对齐】下的 🖱【手动对齐】命令按钮，在弹出的对话框，单击 ➡ 按钮，出现如图 7-22 所示的对话框和如图 7-23 所示的两个窗口，左边窗

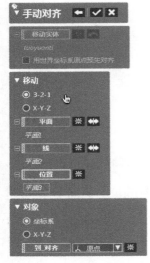

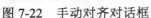

图 7-22　手动对齐对话框

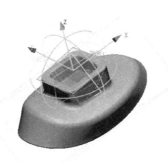

图 7-23　对齐窗口

口为操作窗口，右边窗口为转换后的结果。选择移
动下的【3-2-1】选项进行坐标对齐。【平面】选择平
面 1，【线】选择平面 2，【位置】选择平面 3，单击☑
后得到的新的坐标原点就与构建的三个平面的交点对
齐了，调整视图即可得到对齐后的图形，如图 7-24
所示。

图 7-24　对齐后的效果

三、逆向建模

1. 主体设计

（1）放样曲面　创建 3D 面片草图 单击下拉菜单【3D 草图】下的 ✖【3D 面片
草图】命令按钮，选择 【样条曲线】，在弹出的如图 7-25 所示对话框中，除默认
选项外，勾选【动态视图变更】，分别沿侧面轮廓，绘制两条曲线，如图 7-26 和
图 7-27 所示。

图 7-25　样条曲线对话框

图 7-26　绘制样条曲线

图 7-27　完成的样条曲线

两条样条曲线的起始点位置尽量一致，否则，生成的曲面可能不理想。

图 7-28　放样曲面对话框

（2）创建放样曲面　单击【模型】下的 🔧 【放样曲面】，得到如图 7-28 所示的对话框，分别选择两条样条曲线为轮廓线，单击 ✅ 后，得到如图 7-29 所示的曲面。

图 7-29　生成的放样曲面

（3）延长曲面　单击 🔧 【延长曲面】命令按钮，出现如图 7-30 所示的对话框，分别选择生成曲面的连线，【终止条件】的距离设置为 10mm，【延长方法】选择【曲率】，单击 ✅，得到如图 7-31 所示的延长后的曲面。

图 7-30　延长曲面对话框

图 7-31　延长后的曲面

（4）面片拟合顶面　单击下拉菜单【领域】，通过画笔选择 ✅ 模式，在顶面上绘制区域，单击【插入】即得到顶面上的一个领域，如图 7-32 所示。

（5）面片拟合　单击下拉菜单【模型】下的 🔧 【面片拟合】命令按钮，弹出如图 7-33 所示的对话框，拾取上面步骤中绘制的领域，单击 🔍 【预览】按钮，即可生成该领域所在的面片预览，如图 7-34 所示，单击 ✅，完成的面片拟合如图 7-35 所示。

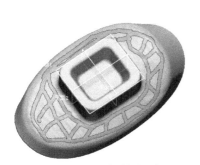

图 7-32　添加的领域

图 7-33　面片拟合对话框

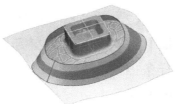

图 7-34　面片预览

图 7-35　完成的面片拟合

（6）剪切曲面　单击【模型】下的 【剪切曲面】命令按钮，在弹出的对话框中选择【工具】为拟合的面片和放样曲面，同时这两个面又是对象，如图 7-36 所示。单击按钮 ➡，对话框中出现【残留体】选项，如图 7-37 所示，选择需要保留的面片部分，单击 ✅，得到如图 7-38 所示的面片。

图 7-36　剪切曲面对话框

图 7-37　剪切曲面拉伸对话框

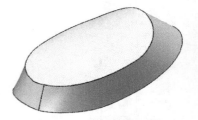

图 7-38　剪切后的面片

（7）底面设计　用【智能选择】的方式创建如图 7-39 所示的领域。单击【面片拟合】命令，如图 7-40 所示，提取所创建的底面领域，得到如图 7-41 所示的面片。单击【剪切曲面】命令，剪切底面多余的部

图 7-39　添加的底面领域

图 7-40　面片拟合对话框

图 7-41　生成的面片拟合

分，得到如图 7-42 所示的实体。

（8）顶部凸起设计　添加凸起部分的领域，如图 7-43 所示，单击【面片草图】命令，绘制如图 7-44 所示的草图，单击【拉伸】命令，【方法】选择【到领域】，得到如图 7-45 所示的实体。单击【圆角】命令，分别设置不同的圆角半径，得到如图 7-46 所示实体。

图 7-42　剪切曲面后的实体

图 7-43　添加的领域

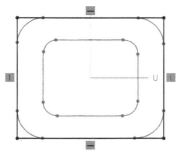

图 7-44　绘制的矩形面片草图

图 7-45　拉伸命令后的实体

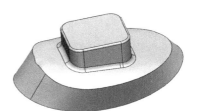

图 7-46　圆角后的实体

添加凹槽部分的领域，如图 7-47 所示，单击【面片草图】命令，绘制如图 7-48 所示的草图，单击【拉伸】命令，【方法】选择【到领域】，如图 7-49 对话框所示，得到如图 7-50 所示的实体。单击【圆角】命令，分别设置不同的圆角半径，得到如图 7-51 所示实体。

图 7-47　凹槽部分领域

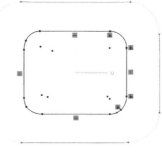

图 7-48　面片草图

图 7-49　拉伸命令对话框

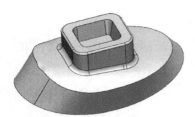

图 7-50 拉伸除料后的实体

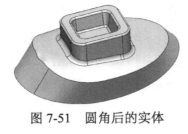

图 7-51 圆角后的实体

视频7-5
椭圆体逆向设计2

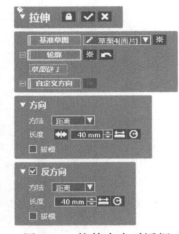

图 7-52 面片草图对话框

（9）底面凹腔设计 单击【面片草图】按钮，打开如图 7-52 所示的对话框，通过调整断面位置，得到如图 7-53 所示草图的直线。单击⬚【调整】命令按钮，得到如图 7-54 所示的草图。扫码观看视频 7-5。

图 7-53 直接命令后的草图

图 7-54 调整并修剪后的草图

单击【拉伸曲面】命令按钮如图 7-55 所示，单击☑后得到如图 7-56 所示的曲面。

单击【曲面偏移】命令按钮，在如图 7-57 所示的对话框中选择【偏移距离】为 5mm，方向为内侧，偏移面选择为侧表面，得到如图 7-58 所示的偏移曲面。

单击【剪切曲面】命令按钮，在如图 7-59 所示的对话框中选择【工具】为平面 2，【对象】为偏移后得到的曲面，单击➡，在弹出的如图 7-60 所示的对话框中的【残留体】选择上半部分曲面，单击☑后，

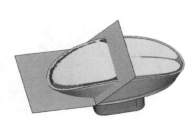

图 7-55 拉伸命令对话框

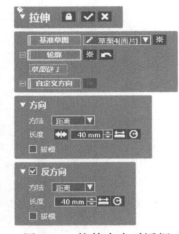

图 7-56 拉伸后的曲面体

图 7-57 曲面偏移对话框

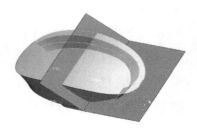

图 7-58 生成的偏移曲面

得到剪切后的曲面如图 7-61 所示。

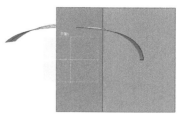

图 7-59　剪切曲面对话框　　图 7-60　剪切曲面残留体选择　　图 7-61　剪切后的曲面

单击⚠【镜像】命令按钮，在弹出的对话框（图 7-62）中，选择【体】为剪切后的曲面，【对称平面】选择平面 2，单击✓得到如图 7-63 所示的曲面。

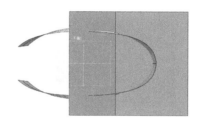

图 7-62　镜像对话框　　　　　图 7-63　镜像后的曲面

单击【延长曲面】命令按钮，在弹出的对话框（图 7-64）中，选择【边线 /面】为曲面的边，【终止条件】距离为 10mm，单击✓，得到如图 7-65 所示的延长后的曲面。

图 7-64　延长曲面对话框　　　图 7-65　延长后的曲面

单击【曲面偏移】命令按钮，在弹出的对话框（图 7-66）中，【面】选择底面，偏移距离为 1mm，单击✓，得到偏移的曲面，如图 7-67 所示。

单击下拉菜单【文件】，【插入】—【曲面】—【实体化】，在弹出的对话框

图 7-66　曲面偏移对话框

（图 7-68）中，【要素】选择所有生成的曲面，单击☑后，得到如图 7-69 所示的实体。运行☑【布尔运算】，在弹出的对话框（图 7-70）中，【操作方法】选择【切割】，【工具要素】选择刚生成的实体，【对象体】选择已经生成的实体，单击☑后，得到如图 7-71 所示的实体。

图 7-67　偏移后的底面

图 7-68　实体化对话框

图 7-69　生成的实体

图 7-70　布尔运算对话框

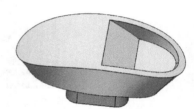

图 7-71　布尔运算后的实体

单击【面片草图】按钮，通过调整断面位置，绘制矩形，得到如图 7-72 所示矩形的草图。单击【拉伸】命令，选择【方向】为【到领域】，【结果运算】为【切割】，得到如图 7-73 所示的凹槽。

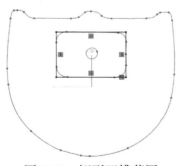

图 7-72　矩形凹槽草图

图 7-73　拉伸切割后的凹槽

单击【面片草图】按钮，通过调整断面位置，绘制圆，得到草图。单击【拉伸】命令，选择【方向】为【到领域】，【结果运算】为【合并】，得到如图 7-74 所示的小圆柱体。单击【圆角】命令，对不同边线进行圆角过渡，得到如图 7-75 所示的实体。

图 7-74　生成的小圆柱实体

图 7-75　圆角后的实体

（10）底面对称凹腔设计　单击【面片草图】按钮，通过调整断面位置和绘制直线，得到如图 7-76 所示草图的直线。单击【拉伸曲面】命令按钮，设置距离为 40mm，得到如图 7-77 所示的曲面。

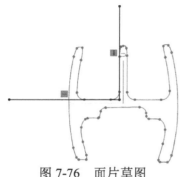
图 7-76　面片草图

图 7-77　拉伸得到的面

单击【曲面偏移】命令按钮，在弹出的对话框（图 7-78）中，【面】选择侧面，偏移距离为 4mm，方为向内侧，单击✓，得到偏移的曲面，如图 7-79 所示。

图 7-78　曲面偏移对话框

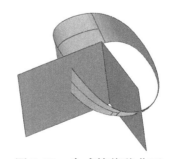
图 7-79　生成的偏移曲面

单击下拉菜单【模型】下的 【面片拟合】命令按钮，在弹出的对话框中，拾取上面步骤中绘制的领域，单击 【预览】按钮，即可生成该领域所在的面片预览，单击✓后，对完成的面片拟合进行适当延长，如图 7-80 所示。

单击下拉菜单【文件】—【插入】—【曲面】—【实体化】，在弹出的对话框中，【要素】选择所有生成的曲面，单击✓后，得到如图 7-81 所示的实体。

单击⚠【镜像】命令，在弹出的如图 7-82 所示的对话框中，【体】选择上面

图 7-80 拟合、延长生成的曲面

图 7-81 曲面实体化后的实体

图 7-82 镜像对话框

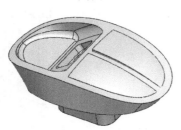

图 7-83 镜像生成的实体

图 7-84 布尔运算对话框

图 7-85 布尔运算切割后实体

图 7-86 圆角后的实体

步骤生成的实体,【对称平面】选择平面 2,单击☑得到如图 7-83 所示的实体。单击🔘【布尔运算】命令,在弹出的对话框(图 7-84)中,【操作方法】选择【切割】,【工具要素】选择刚生成的实体,【对象体】选择已经生成的实体,单击☑后,得到如图 7-85 所示的实体。

单击【圆角】命令,对不同边线进行圆角过渡,得到如图 7-86 所示的实体。

2. 偏差分析

如图 7-87 所示,在【Accuracy Analyzer(TM)】面板的【类型】选项组中选择【体偏差】,结果如图 7-88 所示,误差在 1mm 之内即为合格。

3. 输出文件

逆向设计完成后的

图 7-87 偏差分析对话框

图 7-88 偏差分析

实体模型经检验合格后，就可以应用 3D 打印技术对其进行蜡模打印。为了保证零件在软件间的通用性，将模型输出为 stp 格式。

在菜单栏中单击【文件】—【输出】按钮，选择零件为输出要素，如图 7-89 所示，然后单击【确定】按钮，选择文件的保存格式为 stp，将文件命名为"tuoyuanti"，最后单击【保存】按钮。

图 7-89　输出对话框

 评价反馈

逆向建模完成后，根据完成情况，对模型进行评价反馈，见表 7-1。

表7-1　椭圆体模型逆向建模评价表

任务	椭圆体模型逆向建模		日期		图例				
班级			姓名						
序号	考核项目	分值		考核内容	考核标准	学生自评	学生互评	教师评价	得分
		配分	考点			30%	30%	40%	
1	数据采集	20	1	扫描策略的制定	获得完整模型数据，视完成情况扣 5～20 分				

2	数据修复	10	1	模型补洞、修复	把模型修复完整,视完成情况扣 1~10 分				
3	领域组	10	1	领域组划分	正确设置参数,完整划分领域组,视完成情况扣 1~10 分				
4	坐标对齐	10	1	正确地进行坐标对齐	坐标对齐,视完成情况扣 1~10 分				
5	草图绘制	20	1	绘制基本草图,草图尺寸约束	曲面偏移、放样命令正确使用,视完成情况扣 5~20 分				
6	拉伸	10	1	实体拉伸	进行回转体拉伸,视完成情况扣 1~10 分				
7	布尔运算	10	2	布尔运算	熟练使用布尔运算求差、合并,视完成情况扣 1~10 分				
8	其他	10	1	积极参与小组讨论,认真思考分析问题	不参加小组讨论,有抄图现象的扣 1~5 分				
			2	遵守安全操作规程,操作现场整洁	不遵守安全规程,现场不整洁的扣 1~5 分				
	合计	100							
	签字								
	教师评价								

教师:_____

日期:_____

思考与练习

1.【X-Y-Z】对齐方式与【3-2-1】方式有何区别?请举例说明。

2. 在原有自动划分的领域中能否添加范围,添加领域面积后对自动生成的面片有何影响?

本项目在椭圆体逆向建模中介绍了利用领域生成曲面的方法，生活中的曲面体很多，我们日常生活中要用的香皂（图7-90）就是一个很好的例子。利用以上学习的方法，尝试通过扫描后逆向设计做出一块香皂吧！

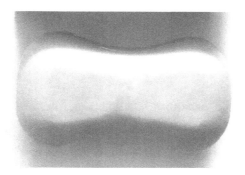

图 7-90　香皂

项目八
花洒模型扫描与逆向设计

项目目标

知识目标

① 掌握花洒模型扫描策略的制定方法；
② 掌握手动划分领域的基本方法；
③ 掌握Geomagic Design X软件中面填补、缝合的操作方法；
④ 掌握Geomagic Design X软件中3D面片草图拟合的操作方法。

能力目标

① 能够合理制定花洒模型的扫描方案；
② 能够正确使用扫描仪完成花洒模型数据的采集；
③ 能够正确地对花洒模型的采集数据进行处理；
④ 能够正确地对花洒模型进行领域的划分；
⑤ 能够正确地创建花洒模型的模型特征。

项目导入

本项目引入花洒模型的实例，为了改进花洒模型的结构，完善花洒模型的功能，对花洒模型进行数据采集，完成逆向设计，使其结构更加合理。

一、产品分析

本项目模型为花洒模型，材质为铝，表面光滑反光，结构为弧形，线条比较流畅。通过 3D 面片草图、曲线网格、境界拟合以及误差分析等完成花洒模型的逆向设计。扫描时要求保证扫描数据的完整性，保留花洒模型的原有特征，点云分布规整平滑，扫描时采用整体扫描方案。

二、扫描策略的制定

1. 表面分析

花洒实例模型外形尺寸不大，弧形结构，线条流畅，细节特征主要集中在花洒头部与尾部，扫描时尽量保证数据完整，保留多的细节特征。

2. 制定策略

花洒模型材质是铝，反光，不利于扫描数据的采集，需要进行表面喷粉处理，花洒模型头部、尾部细节较多，采用多角度转圈扫描的方式，实时调整扫描角度，保证采集数据的完整性。

三、知识准备

Geomagic Design X 软件功能介绍

🔄 回转　使用草图轮廓和轴或边线创建新回转曲面体。草图将绕所选线形边线或轴回转，以创建曲面结果。

任务一

数据采集

一、扫描前的准备

（1）花洒模型的材质为铝，表面光滑且反光，如果不进行喷粉操作扫描会非常困难，所以在扫描前需要先对花洒模型的表面喷涂一层薄薄的显像剂。

在对花洒模型进行喷粉操作时，显像剂与花洒模型的距离大约为30cm，如图8-1所示，在保证扫描精度的前提下喷粉的厚度尽量要薄，如果喷粉过度，会造成厚度增加，影响扫描精度。

（2）按照操作规范连接手持式扫描仪，在对花洒模型扫描前先对扫描设备进行标定，使其精度达到扫描要求。

（3）擦拭花洒模型，保证其表面没有污损，并将其放置在平台上。使用扫描仪对零件进行两次扫描后，然后进行数据编辑。

二、采集数据

完成扫描仪标定后，选择并激活其对应的型号，设置扫描参数，如图8-2所示。扫码观看视频8-1。

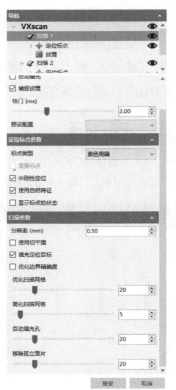

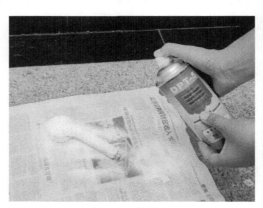

视频8-1
花洒数据采集

图8-1 喷粉

图8-2 扫描参数设置

1. 花洒模型整体数据的采集

按照 8-3 的位置摆放花洒，选择"扫描"按钮后开始扫描，扫描时手持扫描仪距离花洒的位置大约为 40cm，距离以指示灯呈绿色为宜。

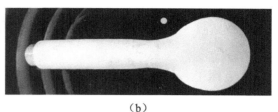

（a） （b）

图 8-3　花洒位置摆放

2. 花洒模型细节数据的采集

调整扫描仪的角度，选择花洒头部、尾部等区域，单击【恢复扫描】指令，捕捉细节特征。

数据全部采集完成以后，将其导出，另存为 stl 格式。

图 8-4　原始扫描数据

三、扫描数据编辑

使用扫描仪分两次对花洒进行扫描（图 8-4），将两次扫描的杂点删除，得到如图 8-5 所示的数据。将两次扫描数据进行合并操作后得到的数据图像如图 8-6 所示。扫码观看视频 8-2。

视频8-2
花洒数据编辑

图 8-5　除杂点后花洒模型

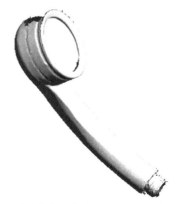

图 8-6　合并后花洒模型

任务二
数据处理

应用 Geomagic Wrap 软件将扫描模型数据进行修复，使模型数据完整，获得多边形数据。

一、打开 Geomagic Wrap 软件

将"huasa.stl"文件拖入界面，单位选择 mm，进入软件界面，如图 8-7 所示。扫码观看视频 8-3。

视频8-3
花洒数据处理

二、数据修复

在弹出的网格医生对话框（图 8-8），分别选择自动修复进行表面光滑处理，得到如图 8-9 所示修复后的花洒数据的图形。

三、降噪处理

选择【多边形】菜单下的【平滑】命令中的【减少噪音】命令（图 8-10），得到表面更加光滑的花洒数据，如图 8-11 所示。

图 8-7　花洒三角面片文件

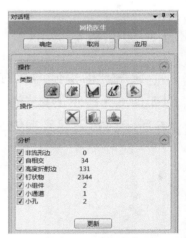

图 8-8　网格医生参数设置

图 8-9　修复后的花洒数据

图 8-10　减少噪音对话框

图 8-11　减少噪音后的花洒数据

四、填充孔

单击【填充单个孔】命令，依次选择节能灯中的孔，完成孔的填充，如图 8-12 所示。

五、保存文件

将数据保存成 stl 格式，以备后续逆向设计使用（图 8-13）。

图 8-12　修补孔后花洒造型

图 8-13　保存文件类型为 stl

任务三

逆向设计

一、导入数据

打开 Geomagic Design X 软件，选择【菜单】—【导入】，弹出图 8-14 所示对话框，选择模型数据"huasa"，导入数据如图 8-15 所示。扫码观看视频 8-4。

视频8-4
花洒逆向设计

图 8-14　导入对话框

图 8-15　导入模型

二、划分领域

1. 直线划分领域

单击 ✎【直线选择模式】，按住【Shift】键，选中所要划分的领域，如图 8-16 所示，确认无误后，单击 ◈【插入新领域】，如图 8-17 所示。重复以上步骤，如图 8-18 所示。

图 8-16 直线划分领域

图 8-17 领域划分

图 8-18 领域划分数据

图 8-19 领域划分完数据

2. 插入圆形领域

选择 ⊙【圆选择模式】，在花洒的头部绘制平面区域，选择 ◉【插入新领域】，完成后的模型如图 8-19 所示。

三、逆向设计

1. 主体设计

（1）面片拟合　在【模型】模块下，单击 ◈【面片拟合】，选中已经划分完成的领域，如图 8-20 所示。确认无误后，单击 ☑，得到如图 8-21 所示图形。重复上述步骤，对其余领域进行面片拟合，得到如图 8-22 所示图形。

图 8-21 面片拟合后图形

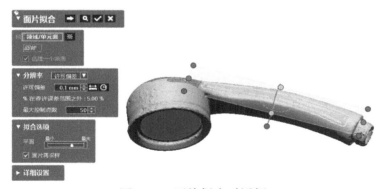

图 8-20 面片拟合对话框

图 8-22 面片拟合完图形

（2）拉伸实体　关闭曲面体下的面片拟合，在【草图】模块下，单击 ⊾【面片草图】，选中【前面】，将其移动到合适的位置如图 8-23 所示。确认无误后，单击 ☑。

在【草图】模块下，单击 ⊙【圆】，选中花洒头部最大的圆，如图 8-24 所示，确认无误后，单击 ☑。

在【模型】模块下单击 ▣【拉伸】指令，【轮廓】选择已绘制完成的圆，拉伸适当的距离，如图 8-25 所示。确认无误后，单击 ☑，得到如图 8-26 所示模型。

在【模型】模块下单击 ▣【反转法线】命令，选中拉伸完的实体模型，反转法线的方向。

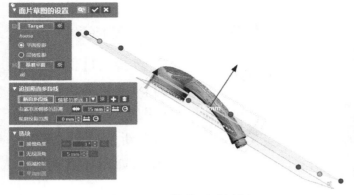

图 8-23　面片草图对话框

图 8-24　圆对话框

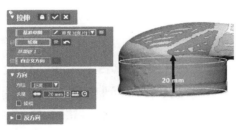

图 8-25　拉伸对话框

图 8-26　拉伸完模型

在【模型】模块下单击⊞【平面】，选择【要素】下【方法】为【选择多个点】，如图 8-27 所示，确认无误后，单击✓。

在【草图】模块下单击⊞【面片草图】，选择通过追加平面创建的草图，手动拖动草图位置，如图 8-28 所示。确认无误后，单击✓。

图 8-27　追加平面

图 8-28　创建草图

在【草图】模块下单击⊙【圆】，绘制比上一步骤中截面线更大的圆，如图 8-29 所示。确认无误后，单击✓，并退出草图。

在【模型】模块下单击◈【面填补】，【边线】选择已绘制的较大的圆，如图 8-30 所示。确认无误后，单击✓，并退出草图，得到如图 8-31 所示模型。

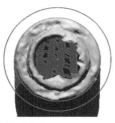

图 8-29　绘制圆

图 8-30　面填补对话框

图 8-31　面填补
后图形

（3）剪切面片　在【模型】模块下单击◈【剪切曲面】，【工具要素】选择【右面】，【对象】选择【拉伸1】，【残留体】选择拉伸的实体，如图8-32所示。确认无误后，单击▣。

在【3D草图】模块下单击✕【3D草图】，关闭面片，单击⌒【样条曲线】，绘制如图8-33所示的4条样条曲线，确认无误后，退出3D草图。

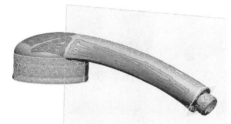

图 8-32　剪切曲面对话框

图 8-33　绘制样条曲线

在【模型】模块下单击◈【剪切曲面】，【工具要素】选择绘制完成的样条曲线，【对象】选择【剪切曲面1】，【残留体】选择除去绘制的样条曲线中间部分，如图8-34所示。确认无误后，单击▣。

选中面片拟合1，面片拟合2，面片拟合3，使其显示。在【模型】模块下单击◈【剪切曲面】，【工具要素】选择花洒尾部的面片，【对象】选择【面片拟合1-3】，【残留体】选择花洒的把手部分，如图8-35所示。确认无误后，单击▣，得到如图8-36所示模型。

对所有创建的面片进行处理。在【3D草图】模块下单击✕【3D草图】，单击⌒【样条曲线】，绘制如图8-37所示的样条曲线，确认无误后，退出3D草图。在【模型】模块下单击◈【剪切

图 8-34　花洒头部剪切曲面

图 8-36　剪切曲面后模型

图 8-35　花洒把手部分剪切曲面

图 8-37　绘制样条曲线

曲面】，【工具要素】选择绘制的样条曲线，【对象】选择如图 8-37 所示的剪切曲面，【残留体】选择绘制的样条曲线中间部分，确认无误后，单击☑，得到如图 8-38 所示的模型。重复上述步骤，对剩余面片进行处理，得到如图 8-39 所示模型。

图 8-38　剪切后模型

图 8-39　全部剪切处理

在【模型】模块下单击◈【剪切曲面】，【工具要素】选择右面，【对象】选择花洒中间部分面片拟合，【残留体】选择面片多的一侧，如图 8-40 所示，确认无误后，单击☑。

关闭面片数据，在【模型】模块下单击◈【剪切曲面】，工具要素选择图 8-41 中所示面片，取消对象选择，选中的两个面片互为对象，【残留体】选择图 8-41 中保留部分，确认无误后，单击☑，得到如图 8-42 所示面片模型。

（4）放样　单击【创建曲面】工具栏中🗗【放样】命令，【轮廓】选择如图 8-43

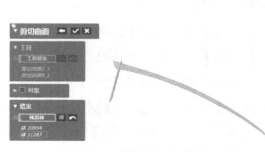

图 8-40　剪切曲面图示

图 8-41　剪切曲面参数设置

图 8-42　面片模型　　　　　　　　　　　图 8-43　放样参数设置

所示面片的边缘，起始约束选择【与面相切】，确认无误后，单击✅。

　　单击【创建曲面】工具栏中✛【反转法线】命令，【曲面体】选择"放样 1"即已创建的放样结构，如图 8-44 所示，确认无误后，单击✅。

　　重复操作上述步骤，得到如图 8-45 所示模型。

图 8-44　反转法线方向　　　　　　　　　图 8-45　放样后模型

　　单击【模型】模块下◈【缝合】命令，【曲面体】框选图 8-45 模型，如图 8-46 所示，确认无误后，单击✅。

　　单击【模型】模块下✐【面填补】命令，【边线】选择图 8-47 三条相连线条，确认无误后，单击✅。重复以上操作，得到如图 8-48 所示模型。

　　显示"面填补 1"即花洒尾部面片，在【模型】模块下单击✇【剪切曲面】，完成花洒把手面片的创建，如图 8-49 所示。

　　显示面片数据，在【草图】模块下，单击✍【面片草图】，选中【前面】，将其移动到合适的位置，确认无误后，单击✅，单击⊙【圆】，绘制如图 8-50 所示的圆，确认无误后，退出草图。

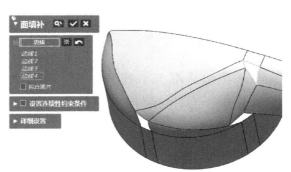

图 8-46　缝合参数设置　　　　　　　　　图 8-47　面填补参数设置

图 8-48　面填补后模型

图 8-49　花洒把手面片的创建

图 8-50　绘制圆

重复操作【面填补】【剪切曲面】与【缝合】等命令，得到如图 8-51 所示的模型。

（5）镜像　单击【模型】模块下⚠【镜像】命令，【体】选择如图 8-51 所示的完成模型，【对称平面】选择【右面】，如图 8-52 所示，确认无误后，单击✅。

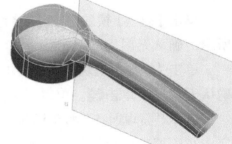

图 8-51　完成模型

图 8-52　镜像参数设置

单击【模型】模块下◈【缝合】命令，曲面体框选镜像完成后模型，如图 8-53 所示，面片无缝隙，自动缝合为实体，单击✅。

图 8-53　缝合参数设置

（6）花洒头部细节建模　在【草图】模块下，单击✔【面片草图】，选中【前面】，将其移动到合适的位置，对花洒头部细节提取草图，确认无误后，单击✅，单击⊙【圆】，绘制如图 8-54 所示的圆，确认无误后，退出草图。

在【模型】模块下单击▢【拉伸】指令，【轮廓】选择已绘制完成的圆，【方法】

图 8-54　绘制花洒头部细节
草图

选择【到领域】，【结果运算】选择【切割】如图 8-55
所示。确认无误后，单击✓。得到如图 8-56 所示模
型。重复上述步骤，绘制图 8-57 所示的圆。

在【模型】模块下单击▣【拉伸】指令，【轮廓】
选择重复上述步骤绘制的圆；【方法】选择【距离】，
长度设置为 4.8mm，勾选【拔模】，角度设置为 88°；
勾选【反方向】，长度设置为 4.8mm，角度设置为
88°，结果运算选择【切割】，确认无误后，单击✓，
得到如图 8-58 所示的模型。

隐藏实体，添加如图 8-59 所示领域。在模型状
态下，单击✳【线】，方法选择【回转轴】，如图 8-60
所示，然后单击✓。

图 8-55　拉伸参数设置

图 8-56　拉伸完模型

图 8-57　绘制圆

图 8-58　拉伸后模型

图 8-59　插入新领域

图 8-60　添加线对话框

在【草图】模块下单击 【面片草图】，选择【回转投影】，【中心轴】选择上述步骤中已创建完成的直线，基准平面选择【右面】，如图 8-61 所示。确认无误后，单击 。应用【圆】【直线】命令绘制如图 8-62 所示的草图，确认无误后，单击 退出。

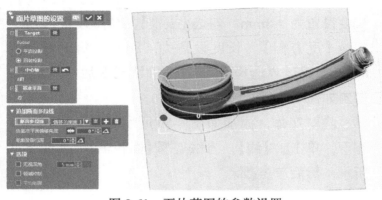

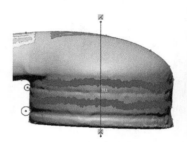

图 8-61　面片草图的参数设置　　　　　　　　图 8-62　绘制草图

在模型状态下，单击 【线回转】，【轮廓】选择图 8-62 中显示的两个圆，【轴】选择图 8-62 中显示的直线，【结果运算】选择【切割】，如图 8-63 所示，确认无误后，单击 ，得到如图 8-64 所示花洒实体模型。

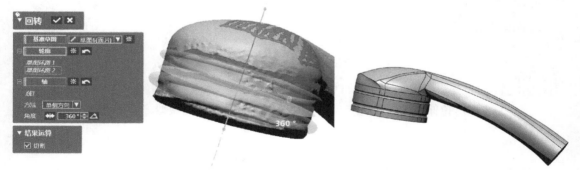

图 8-63　回转参数设置　　　　　　　　图 8-64　花洒实体模型

（7）花洒尾部细节建模　在【草图】模块下，单击 【面片草图】，选中平面1，将其移动到合适的位置，对花洒尾部细节提取草图，确认无误后，单击 ，单击⊙【圆】，绘制如图 8-65 所示的圆，确认无误后，退出草图。

在【模型】模块下单击 【拉伸】指令，【轮廓】选择步骤 1 绘制的圆，【方向】拉伸距离大约为 11mm，反方向拉伸距离大约为 5.5mm，【结果运算】选择【合并】，如图 8-66 所示。确认无误后，单击 ，得到如图 8-67 所示的模型。

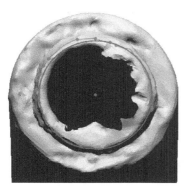

图 8-65　花洒尾部绘制圆

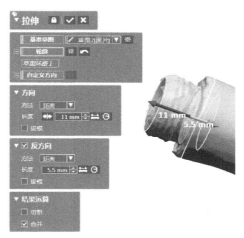

图 8-66　拉伸参数设置

在【模型】模块下单击 ☐【圆角】指令，弹出圆角对话框，【要素】选择如图 8-68 所示花洒尾部曲线，半径结合曲面片估算和人工调整确定合适的数字，单击 ✅，得到的花洒实体模型如图 8-69 所示。重复上述步骤，对其余部分进行倒圆角操作，得到的模型如图 8-70 所示。

图 8-67　花洒模型

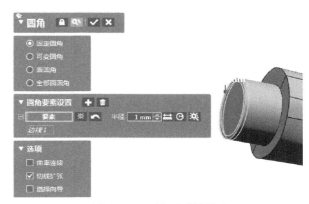

图 8-68　圆角参数设置

图 8-69　倒圆角后模型

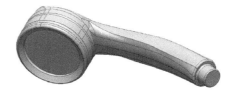

图 8-70　花洒模型

2. 偏差分析

如图 8-71 所示，在【Accuracy Analyzer（TM）】面板的【类型】选项组中选择【体偏差】，结果如图 8-72 所示，误差在 1mm 之内即为合格。

图 8-71　偏差分析对话框　　　　图 8-72　偏差分析对话框

3. 输出文件

逆向设计完成后的实体模型经检验合格后，就可以应用 3D 打印技术对其进行加工。为了保证零件在软件间的通用性，将模型输出为 stp 格式。

在菜单栏中单击【文件】下的【输出】按钮，选择零件为输出要素，如图 8-73 所示，然后单击【确定】按钮，选择文件的保存格式为 stp，将文件命名为 "huasa"，最后单击【保存】按钮。

图 8-73　保存文件

评价反馈

逆向建模完成后，根据完成情况，对模型进行评价，见表 8-1。

表8-1 花洒模型逆向建模评价表

任务	花洒逆向建模			日期		图例				
班级				姓名						
序号	考核项目	分值		考核内容	考核标准	学生自评 30%	学生互评 30%	教师评价 40%	得分
		配分	考点						
1	数据采集	20	1	扫描策略的制定	获得完整模型数据，视完成情况扣 5～20 分				
2	数据修复	10	1	模型补洞、修复	把模型修复完整，视完成情况扣 1～10 分				
3	划分领域组	10	1	领域组划分	正确设置参数，完整划分领域组，视完成情况扣 1～10 分				
4	坐标对齐	5	1	正确地进行坐标对齐	坐标对齐，视完成情况扣 1～5 分				
5	草图绘制	10	1	创建新的参考平面	正确创建参考平面，完成全部特征草图的绘制，视完成情况扣 1～10 分				
6	放样操作	30	1	放样操作是否正确	正确完成放样，视完成情况扣 5～30 分				
7	面片拟合	5	1	面片拟合的效果	正确进行面片拟合，视完成情况扣 1～5 分				
8	其他	10	1	积极参与小组讨论，认真思考分析问题	不参加小组讨论，有抄图现象的扣 1～5 分				
			2	遵守安全操作规程，操作现场整洁	不遵守安全规程，现场不整洁的扣 1～5 分				
	合计	100							
				签字						

教师评价		教师：_____ 日期：_____

1. 应用手动划分领域组时有何注意事项？
2. 放样的操作步骤是什么？

拓展实例

本项目在对花洒进行逆向建模的过程中介绍了境界拟合的方法，在我们的日常生活中与花洒模型类似的物品有很多，水龙头（图 8-74）就是一个很好的例子。尝试利用以上方法对水龙头进行逆向建模吧。

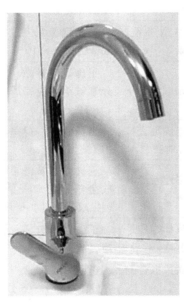

图 8-74　水龙头

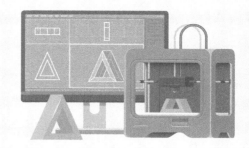

项目九
叶轮扫描与逆向设计

知识目标
① 掌握叶轮扫描策略的制定方法；
② 掌握Geomagic Design X软件中回转投影创建草图的基本方法；
③ 掌握Geomagic Design X软件中曲面偏移的基本方法。

能力目标
① 能够合理制定叶轮的扫描方案；
② 能够正确使用扫描仪完成叶轮数据的采集；
③ 能够正确地对叶轮的采集数据进行预处理；
④ 能够正确地创建叶轮的草图特征；
⑤ 能够正确地创建叶轮的模型特征。

项目
导入

  汽轮机中叶轮的作用是将原动机的机械能直接传给液体，以提高液体的静压能和动压能（主要提高静压能）。叶轮的精度要求比较高，它直接影响到能量传递的效率。为了在叶轮出现破损、变形等不可控情形时，有满足精度要求的替换样件，对没有损坏的叶轮原产品进行数据采集，并完成逆向设计。

一、产品分析

　　该扫描模型为叶轮，包括圆柱、叶片等模型特征，通过坐标系的建立、草图的绘制、典型特征的建模，以及误差分析等操作完成叶轮的逆向设计。扫描时要求保证扫描数据的完整性，保留叶轮的原有特征，点云分布规整平滑，因此在扫描时采用整体扫描方案。

二、扫描策略的制定

　　1. 表面分析

观察后发现该模型表面无反光，利于数据的采集，无须进行表面特殊处理。

　　2. 制定策略

叶轮的底部是一个光滑的曲面，数据采集比较简单，上半部分叶片结构比较复杂，特征较多，需要经过多角度、多范围的扫描才能保证扫描数据的完整性。介于叶轮的特点，可只将几个叶轮扫描出完整形状，其他叶片再进行复制即可。

三、知识准备

　　Geomagic Design 软件功能介绍

　　◈ 曲面偏移　　曲面偏移　　根据所选面或实体创建新的偏移曲面或实体。所选曲面从父曲面偏移用户定义的距离，但仍然会保留原始父形状。

任务一

数据采集

一、扫描前的准备

（1）按照操作规范连接手持式扫描仪，在对叶轮表面扫描前先对扫描设备进行校准，使其精度达到扫描要求。

（2）擦拭叶轮，保证其表面没有破损，并将其放置在平台上。

二、采集数据

完成扫描仪校准后，选择并激活其对应的型号，设置扫描参数。扫码观看视频9-1。

视频9-1
叶轮数据采集

1. 叶轮整体数据的采集

按照图9-1的位置摆放叶轮，选择【扫描】按钮后开始扫描，扫描时手持扫描仪距离叶轮的位置大约为40cm，距离以指示灯呈绿色为宜。扫描叶片正面的大致形状轮廓。

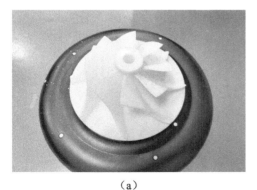

（a）

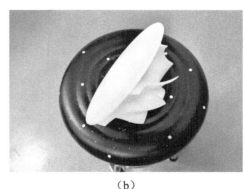

（b）

图9-1　叶轮摆放位置

2. 叶轮细节数据的采集

调整叶轮的角度，选择叶轮的叶片背面作为扫描区域，单击【增加扫描】指令，捕捉细节特征。

数据全部采集完成以后，将其导出，另存为 stl 格式。

三、扫描数据编辑

使用扫描仪对零件进行两次扫描后，得到扫描的原始数据如图 9-2 所示，然后进行数据编辑。扫码观看视频 9-2。

分别将两次扫描的杂点删除，将两次扫描数据进行合并操作后得到的数据图像如图 9-3 所示。

视频9-2
叶轮数据编辑

图 9-2　扫描后得到的数据图像

图 9-3　合并扫描数据后得到的图像

任务二

数据处理

应用 Geomagic Wrap 软件将扫描杂点去除，完成数据封装，获得多边形数据。

视频9-3
叶轮数据修复

一、打开 Geomagic Wrap 软件

将"yelun.asc"文件拖入界面，选择比率（100%）和单位（mm），进入软件界面，如图 9-4 所示。扫码观看视频 9-3。

二、数据修复

在弹出的网格医生对话框（图 9-5）中，分别选择自动修复进行表面光滑处理，得到如图 9-6 所示的图形。

图 9-4　叶轮点云文件

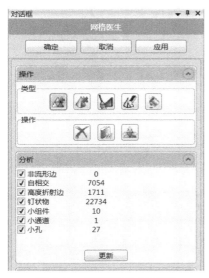

图 9-5　网格医生对话框

图 9-6　修复后的叶片数据

三、降噪处理

选择【多边形】菜单下的【平滑】命令中的【减少噪音】命令，设置参数如图 9-7 所示，得到表面更加光滑的叶轮数据，如图 9-8 所示。

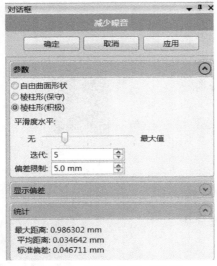

图 9-7 减少噪音对话框

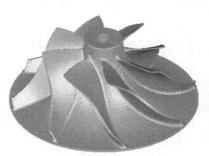

图 9-8 减少噪音处理后的表面

四、保存文件

将数据保存成 stl 格式，以备后续逆向设计使用（图 9-9）。

图 9-9 保存文件类型为 stl

任务三

逆向设计

一、导入数据

打开 Geomagic Design X 软件，选择菜单下的【插入】—【导入】命令，在弹出的对话框（图 9-10）中选择要素导入的文件数据"yelun.stl"，导入点云后的界面如图 9-11 所示。

图 9-10　导入对话框

图 9-11　导入后的面片

二、对齐坐标系

1. 构建平面

单击下拉菜单【领域】，选择 【自动分割】命令，对话框如图 9-12 所示，敏感度设置为 35，其余参数不变。单击☑后，得到如图 9-13 所示的自动划分领域的图形。扫码观看视频 9-4。

视频9-4
叶轮逆向设计1

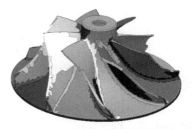

图 9-12 自动分割领域对话框　　　　图 9-13 自动分割后的领域

单击下拉菜单【初始】，选择【参考几何图形】选项卡中的⊞【平面】来创建新的参考平面，对话框如图 9-14 所示，【方法】选择【提取】，通过上方工具条中的【智能选择】生成的顶面的领域来生成平面 1，如图 9-15 所示。选择【参考几何图形】选项卡中的✗【线】来创建新的参考轴线，对话框如图 9-16 所示，【方法】选择【回转轴】，通过上方工具条中的【智能选择】生成的内孔圆柱面的领域来生成轴线 1，如图 9-17 所示。

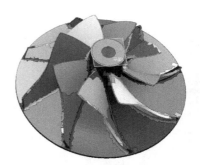

图 9-14 追加平面对话框　　　　图 9-15 生成的平面 1

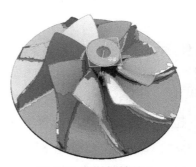

图 9-16 添加轴线对话框　　　　图 9-17 添加的线 1

选择【参考几何图形】选项卡中的 ⁂【点】来创建新的参考点，对话框如图 9-18 所示，【方法】选择【相交线和面】，选择刚生成的轴线 1 和平面 1，得到如图 9-19 所示的点 1。

图 9-18　添加点对话框

图 9-19　添加后的点 1

2. 对齐

手动对齐，单击下拉菜单【对齐】下的 ⚒【手动对齐】命令按钮，单击 ▣ 按钮，选择【3-2-1】选项进行坐标对齐（图 9-20）。【平面】选择平面 1，【线】选择线 1，【位置】选择点 1，这样单击 ✓ 后得到的新的坐标原点与构建的平面与线的交点对齐，调整视图即可得到对齐后的图形，如图 9-21 所示。

图 9-20　手动对齐对话框

图 9-21　对齐后的视图

三、逆向建模

1. 主体建模

（1）创建草图基准面　单击下拉菜单【草图】下的 ⚒【面片草图】命令按钮，弹出如图 9-22 所示的对话框。选择平面上作为基准面，特征的主体轮廓呈现出来，单击 ▣，隐藏面片，完成后如图 9-23 所示。

图 9-22 面片草图对话框

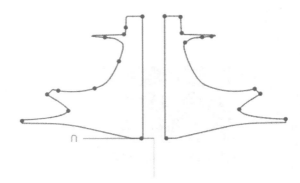

图 9-23 截面后的面片草图

（2）绘制轮廓草图 通过【直线】【样条曲线】等命令绘制如图 9-24 所示的草图。单击 ＼直线【直线】命令按钮，绘制直线，如图 9-25 所示对话框，勾选【要素基准化】，单击 退出按钮，得到如图 9-26 所示的草图。

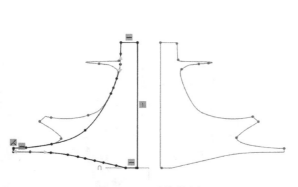

图 9-24 面片草图

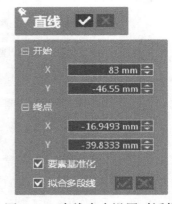

图 9-25 直线命令设置对话框

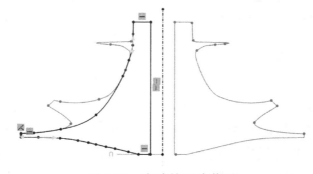

图 9-26 完成的面片草图

（3）回转造型　单击【回转】命令按钮，得到如图 9-27 所示的对话框,【轴】选择基准轴线，单击✓，得到如图 9-28 所示的回转实体。

图 9-27　回转命令对话框

图 9-28　回转命令生成的实体

叶片造型，在叶片的正反两面添加领域，如图 9-29 所示。单击下拉菜单【模型】下的【面片拟合】命令按钮，弹出如图 9-30 所示的对话框，拾取上面步骤中绘制的正面领域，单击➡，得到如图 9-31 所示的面片效果，单击确定，完成正面的面片拟合，如图 9-32 所示。同相同方法，得到正反两面的面片拟合，如图 9-33 所示。扫码观看视频 9-5。

视频9-5
叶轮逆向设计2

图 9-29　叶片划分的领域

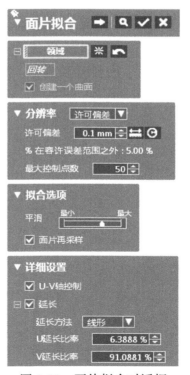

图 9-30　面片拟合对话框

图 9-31　面片拟合的预览　　　图 9-32　叶片正面的面片　　　图 9-33　叶片的正反面拟合
　　　　　　　　　　　　　　　　　　　 拟合　　　　　　　　　　　　　　　 曲面

单击【曲面偏移】命令按钮，在弹出的对话框（图 9-34）中选择【偏移距离】
为 0mm，偏移面选择为回转体外表面，如图 9-35 所示。

图 9-34　曲面偏移对话框　　　　　　图 9-35　偏移后的曲面

单击【剪切曲面】命令按钮，在弹出的对话框（图 9-36）中选择【工具】为偏
移后的曲面，【对象】为面片拟合的正反两曲面，单击【下一步】，在弹出的对
话框中的【残留体】选择叶片的外侧部分曲面，如图 9-37 所示，单击确定后得
到剪切后的曲面如图 9-38 所示。

图 9-36　剪切曲面对话框　　　图 9-37　残留体选择曲面　　　图 9-38　剪切后的曲面

单击下拉菜单【草图】下的 【面片草图】命令按钮，选择平面上作为基准
面，在如图 9-39 所示的对话框中，设置为【回转投影】，中心轴选择回转轴线，
轮廓投影范围设置为 90°，隐藏面片，特征的主体轮廓呈现如图 9-40 所示图形，

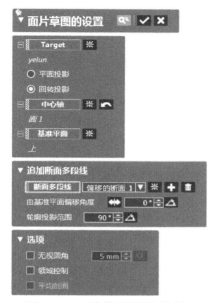

图 9-39　面片草图设置对话框

图 9-40　面片草图得到的投影

单击 按钮后，绘制如图 9-41 所示草图。

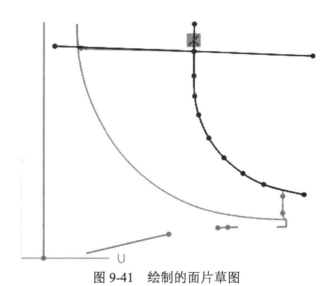

图 9-41　绘制的面片草图

　　单击 【回转曲面】命令按钮，得到如图 9-42 所示对话框，【轴】选择基准轴线，【方法】选择【两方向】，角度选择适当，以包围叶片曲面即可，单击 ，得到如图 9-43 所示的回转曲面。单击【剪切曲面】命令按钮，在弹出的对话框（图 9-44）中选择【工具】为回转生成的曲面，【对象】为面片拟合的正反两曲面，单击 ，在弹出的对话框中的【残留体】选择叶片的内侧部分曲面及回转曲面保留的部分，如图 9-45 所示，单击确定后得到剪切后的曲面如图 9-46 所示。

图 9-42　回转曲面对话框

图 9-43　生成的回转曲面

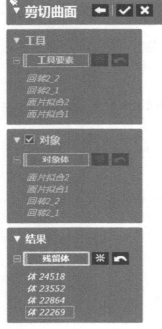

图 9-44　剪切曲面对话框

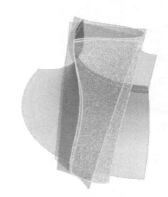

图 9-45　残留体选择曲面

图 9-46　剪切后的曲面

单击【曲面偏移】命令，在如图 9-47 所示的对话框中，偏移距离设置为 0.5mm，得到偏移曲面如图 9-48 所示。单击【延长曲面】，【延长方法】选择【同

图 9-47　曲面偏移对话框

图 9-48　偏移后的曲面

曲面】，如图9-49所示的对话框中，设置终止条件的距离为8mm，得到如图9-50
所示延长后的曲面。

图 9-49　延长曲面对话框　　　　　　图 9-50　延长后的曲面

单击【剪切曲面】命令，选择【工具要素】和【对象体】，【残留体】为围成叶
片的曲面部分（图9-51），单击确定后，得到如图9-52所示的叶片。

图 9-51　剪切曲面对话框及选项　　　　　　图 9-52　剪切曲面后的叶片

单击【模型】下【阵列】中的 ∷【圆形阵列】按钮，在弹出的对话框（图9-53）
中设置【回转轴】为中心轴线，【要素数】8，【合计角度】360°，勾选【等间距】
和【用轴回转】，单击确定后，得到如图9-54所示的阵列后的叶片。

2. 偏差分析

在【Accuracy Analyzer（TM）】面板的【类型】选项组中选择【体偏差】，结
果如图9-55所示，误差在1mm之内即为合格。

图 9-53 阵列对话框

图 9-54 阵列后的叶片

图 9-55 偏差分析效果

3. 输出文件

逆向设计完成后的实体模型经检验合格后，就可以应用 3D 打印技术对其进行蜡模打印。为了保证零件在软件间的通用性，将模型输出为 stp 格式。

在菜单栏中单击【文件】—【输出】按钮，选择零件为输出要素，如图 9-56 所示，然后单击【确定】按钮，选择文件的保存格式为 stp，将文件命名为"yelun"，最后单击【保存】按钮。

图 9-56 输出对话框

评价反馈

逆向建模完成后，根据完成情况，对模型进行评价反馈，见表9-1。

表9-1 叶轮模型逆向建模评价表

任务	叶轮模型逆向建模			日期		图例				
班级				姓名						

序号	考核项目	分值		考核内容	考核标准	学生自评	学生互评	教师评价	得分
		配分	考点			30%	30%	40%	
1	数据采集	10	1	扫描策略的制定	获得完整模型数据，视完成情况扣 1～10 分				
2	数据修复	10	1	模型补洞、修复	把模型修复完整，视完成情况扣 1～10 分				
3	领域组	10	1	领域组划分	正确设置参数，完整划分领域组，视完成情况扣 1～10 分				
4	坐标对齐	10	1	正确地进行坐标对齐	坐标对齐，视完成情况扣 1～10 分				
5	草图绘制	30	1	创建新的参考平面	正确创建参考平面、完成全部草图创建，视完成情况扣 5～30 分				
			2	回转轴线的构建					
6	回转	10	1	实体回转	正确完成回转，每错一个部分扣 5 分				
			2	自由曲面构造					
7	阵列	10	1	正确进行实体阵列	完成 10 个叶片阵列				
8	其他	10	1	积极参与小组讨论，认真思考分析问题	不参加小组讨论，有抄图现象的扣 1～5 分				
			2	遵守安全操作规程，操作现场整洁	不遵守安全规程，现场不整洁的扣 1～5 分				
	合计	100							
				签字					
教师评价						教师：_____			
						日期：_____			

1. 在操作过程中，手动划分领域应该注意什么？
2. 构建好点、线、面后可以采用哪些不同的对齐方式？请举例说明。

拓展实例

按照叶轮的操作步骤，尝试做一个发动机叶轮（图9-57）吧。

图9-57　发动机叶轮

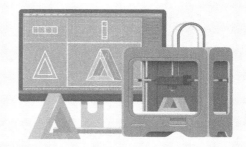

项目十
马灯扫描与逆向设计

项目目标

知识目标

① 掌握马灯扫描前期所需准备工作和扫描思路建立所需的基本知识；
② 熟练蓝光非接触扫描仪的扫描操作方法；
③ 掌握蔡司扫描仪软件的使用方法；
④ 掌握Geomagic Wrap软件的点云处理方法；
⑤ 掌握模型坐标系建立的基本方法；
⑥ 熟练掌握Geomagic Design X软件草图的方法；
⑦ 熟练掌握Geomagic Design X软件逆向特征创建实体的方法。

能力目标

① 能够合理制定马灯的扫描方案；
② 能够正确使用扫描仪完成马灯数据的采集；
③ 能够使用合理方法对马灯的采集数据进行预处理；
④ 能够熟练使用Geomagic Design X软件对马灯模型进行逆向设计。

项目导入

　　某公司想要根据现有的马灯产品进行逆向设计加工，生产出关于马灯的一系列文创产品。

一、产品分析

马灯造型结构比较复杂，由一个圆筒、类似四方体的主体和一个手柄构成，需要先将马灯的坐标对齐，完成后使用【面片草图】命令拾取模型的草图，使用【拉伸】命令拉伸草图，将模型造型确定。有部分表面结构特殊，使用【面片拟合】命令进行绘制，在画图时既要注意整体偏差，也要注意面的分化，模型整体的美观程度。

二、扫描策略的制定

1. 表面分析

马灯材质为铁皮，上面喷涂有绿色的油漆，扫描时会有少量的反光，需要注意反光部分数据的质量。马灯外表面一些部分由于遮挡较为严重，在采集过程中需要将模型多次调整角度，尽量将模型数据采集完整。

2. 制定策略

在采集时需要将模型多转换几个角度对反光部分进行采集，也可在软件中开启二次曝光对反光处进行采集，对于一些有遮挡而未采集到的地方可将模型多次进行旋转采集，但是也应该根据采集的幅面大小控制采集次数，防止过多重复点云，造成数据量过大。

任务一

数据采集

一、扫描前的准备

（1）将扫描仪的各个组件进行连接，根据马灯大小选择镜头为 300mm，该镜头的测量场范围是 325mm×240mm×200mm，需要先对设备以及镜头进行校准，提高扫描精度，如图 10-1 所示。

（2）将马灯模型放在扫描仪转台中间，确保放置平稳，在转台转动过程中模型不会晃动。扫码观看视频 10-1。

二、采集数据

完成扫描仪校准后将校准信息应用到计算机中，单击【转台测量】，选择一圈需要扫描的幅数，调节各个参数信息，如图 10-2 所示。

视频10-1
马灯数据采集

图 10-1　扫描仪的校准

图 10-2　扫描仪参数信息

注意：采集开始前需要将扫描仪上的两个红色激光点重合对在被测物体上，观察软件中的【测量头状态】，当【测量头状态】右侧出现绿色对号时，才可以

开始进行数据采集工作，在采集过程中
禁止人在测量头附近走动。

1. 马灯整体数据的采集

　　将马灯摆放在转台合适位置（图10-3），
选择【转台测量】，设置完参数后开始
进行扫描工作。

图 10-3　马灯位置摆放

　　在采集完成第一幅数据后可观察数
据质量效果，无误后可单击下一步进行
后续扫描，第一幅数据和第二幅数据需
要进行手动拼接，拼接误差合格并且无分层后可单击下一步，后面将根据特征
进行自动拼接。

　　在一圈扫描完成后观察模型采集结果，调整马灯位置，如将马灯进行翻转
倒置等，第一圈未扫描到的位置进行扫描，调整扫描仪角度，重复使用【转台
测量】扫描接下来的数据，一圈扫描完成后软件会自动跳到手动拼接界面，对
两次的扫描数据进行拼接，选择公共特征点手动拼接即可。

2. 马灯细节数据的采集

　　观察采集到的数据信息，找到数据缺失的细节部分，调整马灯的位置以及
扫描头的角度，让数据不完整的地方正对着测量头，使用【单幅扫描】，设置好
参数信息后，将扫描仪测量头投射出的红色激光点重合对准在模型需要补充数
据的地方，开始扫描。

　　对扫描得到的数据进行手动拼接，拼接误差合格并且无分层后可单击下一
步，之后重复上面的【单幅扫描】直到补全模型的全部数据信息。

三、扫描数据编辑

　　对扫描数据进行编辑处理，检查数据是否完整。

1. 多余扫描数据的删除

　　在【3D 视图】内激活【框选】命令，按住【Shift】键，拖动鼠标左键选中需
要删除的数据，单击☑完成选择，被选中的数据会变为红色，按【Delete】键删
除选中数据。

2. 碎片数据的删除

使用【3D 视图】窗口内的【选择碎片】功能，设置参数如图 10-4 所示，单击【开始】，模型主体外的离散点将会被选中，单击确定后在【3D 视图】内删除选择的离散点。

3. 数据的整体优化

使用【数据处理】中的【全局优化】命令对数据进行优化，如图 10-5 所示。

图 10-4　选择碎片

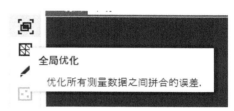

图 10-5　全局优化

4. 数据的导出

使用【数据处理】中的【网格编辑】命令对处理好的数据进行封装，优化类型选择【质量控制】，选中生成的文件，选择菜单栏中的【文件】—【输出】—【网格数据】，命名为"马灯 - 质量控制"，保存格式为"stl"，如图 10-6 和图 10-7 所示。

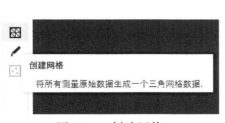

图 10-6　创建网格

图 10-7　导出

任务二

数据处理

使用 Geomagic Wrap 软件处理多边形数据。扫码观看视频 10-2。

一、导入模型

打开 Geomagic Wrap 软件，单击左上角的菜单图标，打开"马灯 - 质量控制 .stl"文件，进入软件界面，如图 10-8 所示。

图 10-8　Wrap 中的模型

分析模型，马灯的细节很多，存在大量遮挡，同时马灯体积很大，采集不完全的地方有其他相同或对称结构的数据可以使用，所以在处理面片数据时只修复影响建模的部分，其余对建模没有影响的部分不做处理。

二、修复模型

1. 删除浮点数据

查看模型，对模型体外的杂点以及不需要建模处理的部分进行删除，对模型反光处以及易变形处的错层进行删除，修复影响建模的细小特征。

使用 【填充单个孔】命令，在命令激活状态下，右键模型空白处，激活选择【删除浮点数据】命令，如图 10-9 所示。此时模型外的悬浮点以及影响建模的数据将会被删除。

2. 删除错层

检查容易错层的薄壁位置，找到错层数据，如图 10-10 所示。右键空白处激活【选择三角形】命令，

图 10-9　删除浮点数据

图 10-10 错层数据图

如图 10-11 所示。使用【套索选择工具】对需要删除的数据进行选择。

在选择时我们可以仅选中错误数据和主体数据连接的地方，如图 10-12 所示。删除完后错误数据将变为浮点数据，可以使用【删除浮点数据】进行删除，得到如图 10-13 所示结果。之后在空白处右键激活【填充】命令，设置参数为【曲率 - 内部孔】，如图10-14所示，修复完成后可以得到图10-15的效果。

图 10-11　选择三角形

图 10-12　错误数据连接处选择

图 10-13　删除错误数据

图 10-14　填充孔

图 10-15　错层处理完成

3. 处理模型间隙

对模型上有大间隙的地方，我们选择先搭桥然后填补的处理方法，这里用把手为例，如图 10-16 所示。

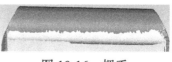

图 10-16　把手

设置填充单个孔参数为【曲率 - 搭桥】。按住鼠标左键不放拖动选择第一段边界线，如图 10-17。松开鼠标左键，之后在间隙对面用同样的方法选择第二段边界线，如图 10-18。

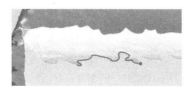

图 10-17　选择第一段边界线

完成的搭桥如图 10-19 所示。之后用【内部孔】的填充方法，对搭桥产生的孔进行填充，如图 10-20 所示。

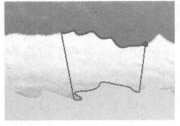
图 10-18　选择第二段边界线

图 10-19　搭桥

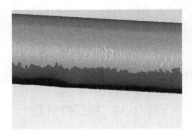
图 10-20　填充完成

使用上述方法处理好所有错层以及细节，完成对模型孔洞的填充修复。

三、对齐坐标系

首先建立平面，使用【特征】—【平面】功能，使用套索工具选择模型底面，勾选【接触特征】，单击【应用】，之后对左右两侧分别进行同样的操作，得到如图 10-21 所示的平面 1、平面 2、平面 3。

使用【平面】—【两面平均】命令，选择平面 2、平面 3 创建中心面，创建平面 4，如图 10-22 所示。使用已经创建好的平面即可对模型的坐标系进行建立。

使用【对齐】—【对齐到全局】命令，选择 XY 平面对应平面 1，选择 YZ 平面对应平面 4，调整对齐方向确定模型的朝向，单击确定完成模型的对齐（图 10-23）。

四、保存

将数据另存为 stl 格式，命名为"马灯 - 补"，以备后续逆向设计使用。

图 10-21　平面 1、平面 2、
　　　　　平面 3

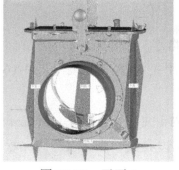
图 10-22　平面 4

图 10-23　对齐坐标

任务三

逆向设计

一、导入数据

打开 Geomagic Design X 软件，选择菜单下的【插入】—【导入】命令，在弹出的对话框中选择要导入的文件数据"马灯 - 补 .stl"，导入模型。

分析模型，模型主体由多个长方体和圆柱体拼接而成，细节部分和主体关联性不强，所以先对整体进行建模，之后逐步完善模型。扫码观看视频 10-3。

视频10-3
马灯逆向设计1

二、逆向建模

1. 主体建模

（1）底座建模　在马灯底部平面上建立一个平面进行草图的创建，使用【平面】命令，方法使用【选择多个点】。如图 10-24 所示，在马灯底部建立平面。

使用【面片草图】命令，基准平面选择刚创建的平面 1，为了让平面更好地显示轮廓线，设置由基准面偏移距离为 3mm，如图 10-25 所示完成面片草图的创建。

图 10-24　底部追加平面

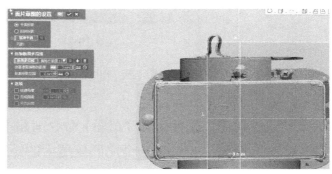

图 10-25　底部平面设置

草图创建完成后会出现轮廓线，按照显示的轮廓线形状，使用【直线】【三点圆弧】【圆角】等命令拟合轮廓线，如图 10-26 所示，单击【完成草图】退出草图指令。

根据绘制好的草图轮廓线，使用【拉伸】命令创建马灯底座的实体，如图 10-27 所示。

图 10-26　底部轮廓线绘制

图 10-27　底部拉伸

使用直线，画笔等工具，在马灯侧壁绘制领域，使用【插入】命令添加领域，如图 10-28 所示。之后使用同样的方法添加剩余四个面的领域。使用【面片拟合】命令，得到如图 10-29 所示面片。

图 10-28　插入领域

使用【延长曲面】命令延长创建好的曲面。并对其余四个面创建面片拟合并延长，如图 10-30 所示。

隐藏三角面，使用【面片草图】命令创建草图，基准平面选择刚刚创建的底座实体的上表面，并绘制一个比底座更大的矩形，如图 10-31 所示。

退出草图指令后，使用【面填补】命令将轮廓线拟合成面片，选择刚刚绘制

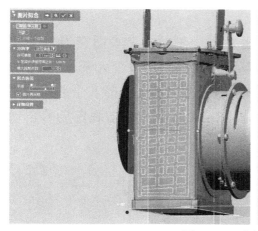

图 10-29　侧面面片拟合

图 10-30　侧壁全部面片创建

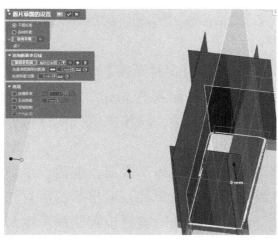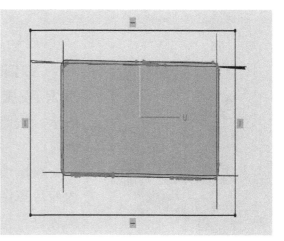

图 10-31　底座草图

的矩形创建曲面，如图 10-32 所示。

继续使用【选择多个点】的方法创建平面，在主体上表面交界处创建平面2，如图 10-33 所示。以平面2绘制面片草图，同样制作一个大于轮廓线的矩形，面填补后得到曲面。使用【剪切曲面】命令，【工具要素】选择6个曲面，不勾选对象，单击下一步，选择【残留体】，如图 10-34 所示。单击确定后将自动生成实体，如图 10-35 所示。

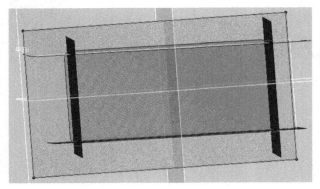

图 10-32　面填补

图 10-33　创建平面2

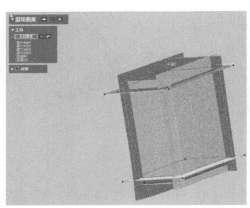

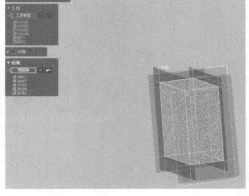

图 10-34　主体面片剪切

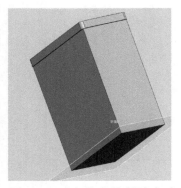

图 10-35　主体实体创建完成

（2）顶部建模　使用【面片草图】命令，选择平面2，设置由基准面偏移距离为 4mm，如图 10-36 所示，按照建立底座的方法，对顶部进行实体拉伸创建。

选择顶部所创建好的实体下表面，创建一个新的面片草图并绘制草图的轮廓线，退出草图后对轮廓线进行拉伸，此时在拉伸时需要设置拔模角度为50°，如图 10-37 所示。

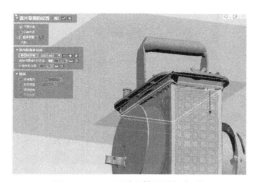

图 10-36　顶部草图轮廓线

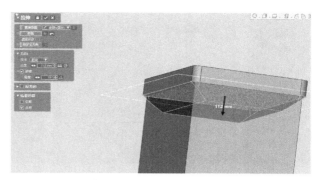

图 10-37　拉伸、拔模设置

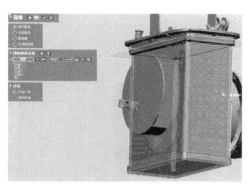

图 10-38　侧棱倒圆角

实体创建完成后使用【圆角】命令对有圆角需求的地方进行倒圆角，如图 10-38 所示。

（3）顶盖建模　对顶部盖子进行实体创建，使用【选择多个点】的方法在盖子顶部创建平面 3，并使用【面片草图】命令，设置由基准面偏移距离为 2.5mm，创建顶盖处面片草图，如图 10-39 所示。

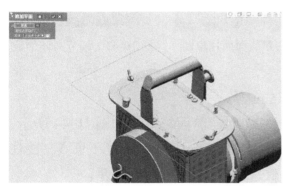

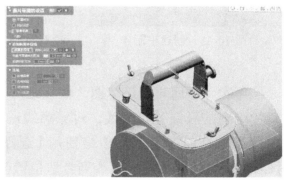

图 10-39　顶盖处面片草图

按照截面轮廓线进行绘制，完成草图后拉伸草图轮廓线，如图 10-40 所示，得到顶盖实体。

对马灯主体创建完成的部分需要倒圆角的位置进行倒圆角，注意倒圆角顺序的不同也会影响倒圆角的效果，需要合理规划倒圆角的顺序。

（4）前部建模　使用【多点创建平面】的方法在马灯前面创建平面 4，如图 10-41 所示。扫码观看视频 10-4。

视频10-4
马灯逆向设计2

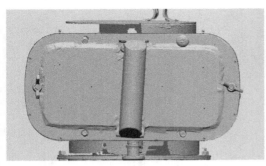

图 10-40　顶盖实体创建

使用面片草图命令，基准平面选择平面 4 创建面片草图，设置偏移距离 1.5mm，如图 10-42 所示。

绘制轮廓线，拉伸创建特征，得到如图 10-43 所示实体。

图 10-41　创建平面 4　　　　图 10-42　创建前面面片草图　　　图 10-43　细节实体创建
完成

再次以平面 4 创建草图，偏移距离 8.5mm。

绘制前面细节轮廓线，对轮廓线进行拉伸创建前面特征，如图 10-44 所示。之后在马灯前方细节最边缘使用【选择多个点】的方法追加创建平面 5，按住【Ctrl】键，鼠标拖动平面 5 到合适位置创建平面 6，如图 10-45 所示。

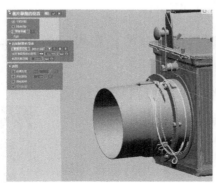
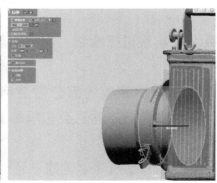

图 10-44　前面细节拉伸

图 10-45　复制创建平面 6

分别对两平面进行草图的创建，并绘制平面 5 以及平面 6 的草图轮廓线，如图 10-46 所示。

然后使用【放样】命令，分别对外圈以及内圈进行放样，如图 10-47 所示，之后对衔接处再进行两次放样，如图 10-48 所示。

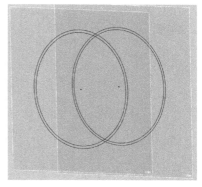

图 10-46　平面 5、平面 6 草图轮廓线

对放样体进行闭合操作，在平面 5 创建草图，绘制大于曲面体轮廓的矩形后使用【面填补】创建曲面，以备后续剪切曲面使用，如图 10-49 所示。

曲面体衔接处的闭合，选择创建好的马灯实体前方环形处表面为基准创建面片草图，绘制大于草图轮廓线的矩形，并使用面填补创建曲面，如图 10-50 所示。

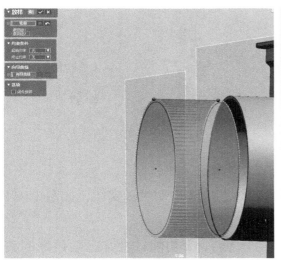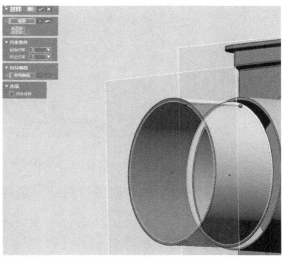

图 10-47　内外圈放样

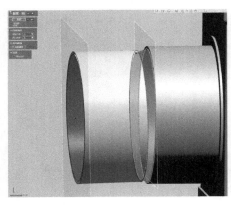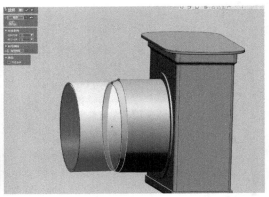

图 10-48　内外圈与主体放样

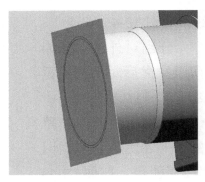

图 10-49　面填补创建矩形面片

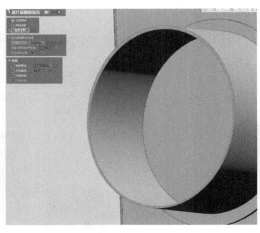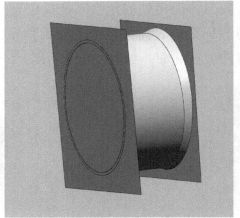

图 10-50　曲面创建

对创建好的全部曲面进行剪切，选择残留体之后会自动生成实体，如图 10-51 所示。

对创建好的全部实体使用【布尔运算】—【合并】功能，合并已创建好的实体，如图 10-52 所示。

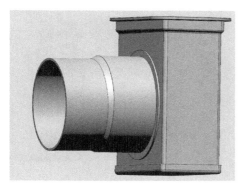

图 10-51　前方实体创建完成

图 10-52　合并三部分实体

（5）后盖建模　在后盖处使用【选择多个点】的方法创建平面 7，并以平面 7
为基准创建面片草图，设置偏移距离 6mm，如图 10-53 所示。

按照所需要的轮廓线使用【圆】【三点圆弧】
【直线】【偏移】等命令进行绘制，如图 10-54，拉
伸绘制好的轮廓线创建实体，结果如图 10-55
所示。

以平面 7 为平面创建面片草图，偏移距离
0.8mm。绘制轮廓线，并在外圈绘制一个更大
的圆。

选择拉伸大圆内所有轮廓，【结果运算】选
择【切割】，再次使用【拉伸】命令，选择小圆轮
廓，【结果运算】选择【合并】，如图 10-56 所示。

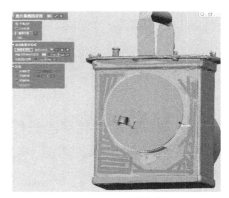

图 10-53　后盖处草图

最后补充马灯前面的环形细节，在马灯前面特征上创建平面 8，并以平面 8
为基准创建草图，绘制草图轮廓线，如图 10-57 所示。

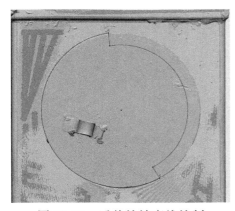

图 10-54　后盖处轮廓线绘制

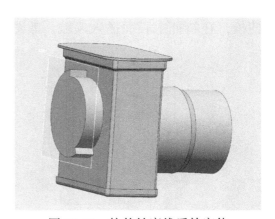

图 10-55　拉伸轮廓线后的实体

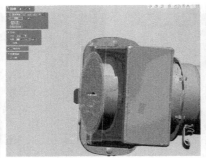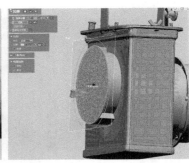

图 10-56　后盖细节补充

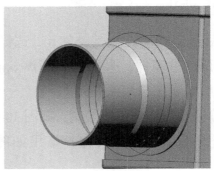

图 10-57　创建平面 8

完成草图后对轮廓线进行拉伸，完成后得到主体的全部实体，如图 10-58 所示，主体建模完成。

2. 细节建模

主体建模完成后需要对马灯细节进行建模。

（1）拉手建模　对马灯后盖处细节特征进行逆向建模，在特征上表面插入领域，如图 10-59

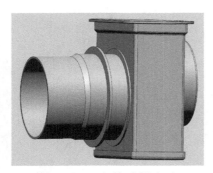

图 10-58　主体建模完成

图 10-59　后盖特征领域

所示。注意添加领域时不要画到侧壁。

创建平面，方法选择【提取】，选择特征上表面的领域，并以创建好的平面为基准创建草图，设置偏移距离 1mm，如图 10-60 所示。

使用【直线】以及【样条曲线】等功能，绘制特征轮廓线，如图 10-61 所示。注意特征与后盖接触位置，草图轮廓线要伸入后盖，以便合并，避免出现接缝。

图 10-60　后盖特征面片草图创建

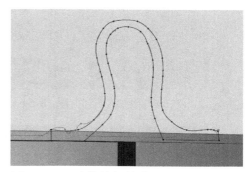

图 10-61　后盖特征轮廓线绘制图

完成草图后对轮廓线进行拉伸，【结果运算】选择【合并】，对拉伸结果进行倒角处理，完成创建的后盖特征（图 10-62）。

（2）弹簧拉钩建模　对马灯前方安装弹簧处的细节特征进行逆向建模。

首先在细节上下表面插入领域，注意领域不添加到侧壁上，之后对两领域进行面片拟合，如图 10-63 所示。

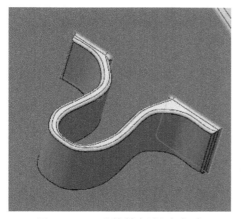

图 10-62　后盖特征创建完成

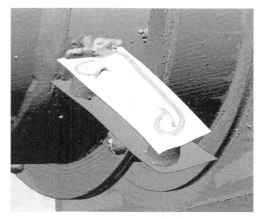

图 10-63　面片拟合

添加平面，对象选择上下两个领域，【方法】使用【平均】，如图 10-64 所示创建平面 13，要素选择刚刚创建的平面 11 和平面 12。

以平面 13 创建【面片草图】，绘制轮廓线，完成草图后使用【拉伸】指令将轮廓线拉伸为实体，如图 10-65 所示。

图 10-64　创建平均平面

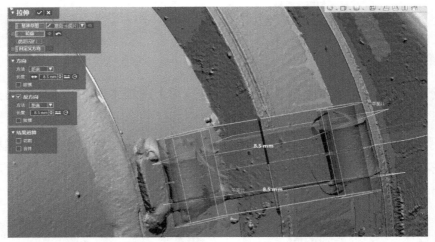

图 10-65　拉伸轮廓线创建实体

使用【切割】命令，以拟合曲面为工具对模型进行切割，得到如图 10-66 所示实体。

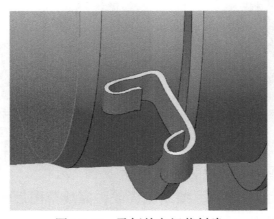

图 10-66　马灯前方细节创建

逆向建模技术

以马灯实体圆环处选中平面为基准建立草图，设置偏移距离 16.5mm，如图 10-67 所示。

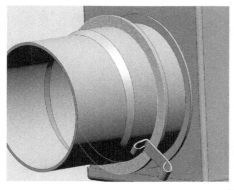

图 10-67　创建草图

对草图轮廓线进行绘制，此时需要参考轮廓线、面片模型以及马灯进行绘制，完成后对草图轮廓线进行拉伸，【结果运算】处不选，如图 10-68 所示。

图 10-68　拉伸设置

再次对轮廓线进行拉伸，拉伸距离设置 7.75mm，【结果运算】处不选，完成后使用【布尔运算】命令，对细节特征进行切割，之后继续使用【布尔运算】指令，对创建好的实体进行合并，如图 10-69 所示。

（3）螺钉螺母建模　绘制圆环上的螺钉细节，在表面插入领域，使用【基础实体】功能，选择【手动提取】，选择螺母上的领域，如图 10-70 所示，创建形状选择【球体】。之后在圆环表面创建【面片草图】，设置偏移距离 2.5mm，

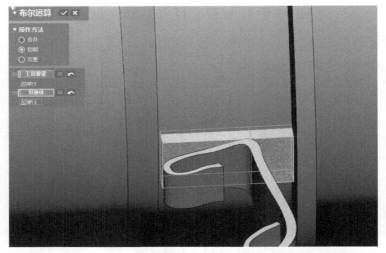

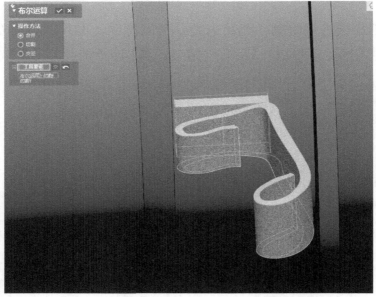

图 10-69 布尔运算

图 10-70 提取几何形状

逆向建模技术

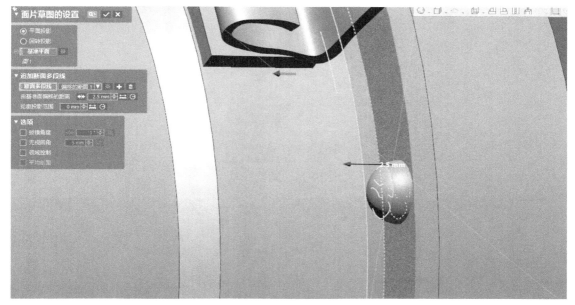

图 10-71　创建面片草图

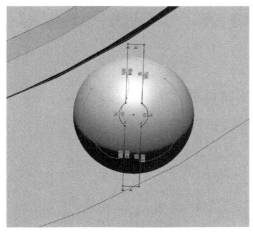

图 10-72　绘制的轮廓线

绘制轮廓线，如图 10-71 和图 10-72 所示。

单击【拉伸】命令，分两次拉伸轮廓线，拉伸距离分别为 5mm 和 1.65mm，之后使用【布尔运算】命令，对拉伸实体进行【切割】如图 10-73 所示，之后再次使用【布尔运算】切割表面凹槽，如图 10-74 所示。

使用【基础曲面】命令，根据顶部领域，选择【手动提取】，创建形状选择【平面】如图 10-75 所示，并对顶部曲面进行延长，

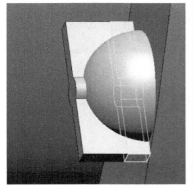

图 10-73　拉伸切割实体

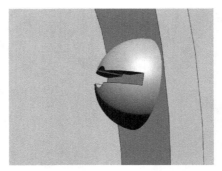

图 10-74　切割完成

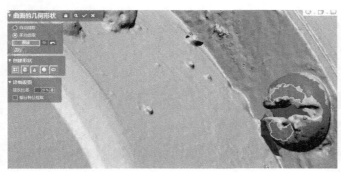

图 10-75　平面面片创建

如图 10-76 所示。

　　使用【切割】命令，以曲面为工具要素，对螺母进行切割，如图 10-77 所示。

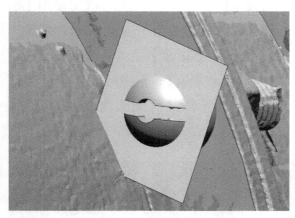

图 10-76　延长曲面

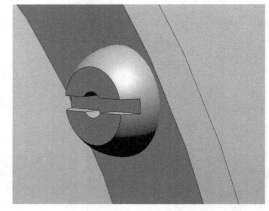

图 10-77　切割完成

　　在圆环特征背面创建面片草图，以圆环背面为基准要素，绘制轮廓线，如图 10-78 所示。

　　完成草图后对轮廓线进行拉伸，如图 10-79 所示。

　　再次创建草图，偏移距离 6.4mm，绘制螺杆轮廓线并拉伸，如图 10-80 所示。

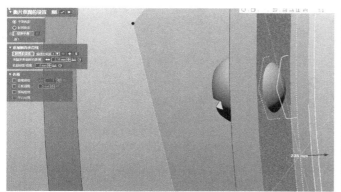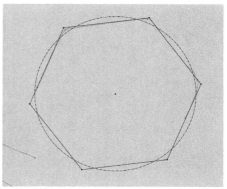

图 10-78　螺母草图轮廓线

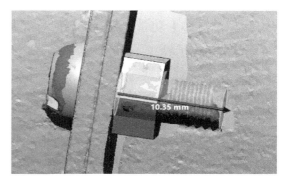

图 10-79　拉伸螺母　　　　　　　　　图 10-80　拉伸创建螺杆

使用【布尔运算】指令、【圆角】指令完善特征，如图 10-81 所示。

使用【圆形阵列】命令将螺钉进行阵列，回转轴选择特征所在平面的边线，软件会自动计算圆形边线的中心位置，如图 10-82。

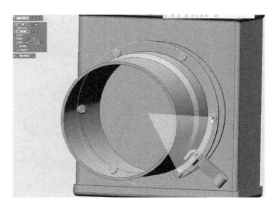

图 10-81　螺钉特征创建完成　　　　　　图 10-82　阵列特征

（4）顶盖螺母建模　创建马灯顶盖处的细节特征，在马灯顶部特征处使用【选择多个点】的方式创建平面，并以此平面创建【面片草图】，如图 10-83 所示完成轮廓线的绘制。

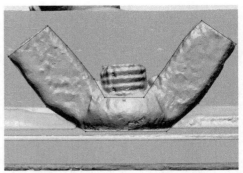

图 10-83　绘制草图轮廓线

对轮廓线进行拉伸创建实体，之后在特征下方的圆环处插入领域，并使用【基础实体】功能，选择【手动提取】，选择领域，创建形状选择【球体】，如图 10-84 所示。

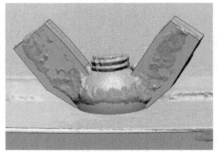

图 10-84　创建基础实体

通过建立特征所在位置的平面，并以平面创建草图绘制轮廓线，拉伸出实体后通过【布尔运算】【倒角】等命令可以完成后续特征，如图 10-85 所示。

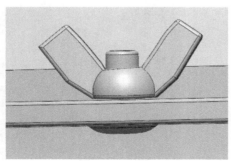

图 10-85　完成顶盖处特征创建

（5）马灯把手建模　对马灯把手进行实体创建，选择马灯主体的前面创建面片草图，如图 10-86。

绘制手柄处的轮廓线，拉伸草图得到如图 10-87 所示实体。

图 10-86　在主体前面创建面片草图

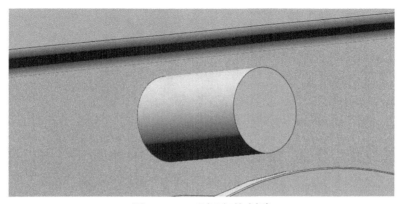

图 10-87　手柄实体创建

在拉伸体表面新建面片草图，绘制轮廓线，并对轮廓线进行拉伸，完成特征实体创建，如图 10-88 所示。

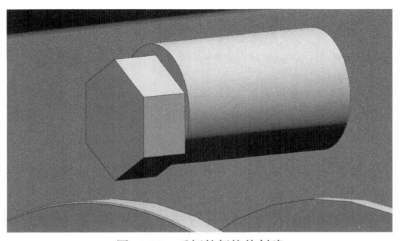

图 10-88　手柄特征拉伸创建

在把手创建完成的特征上方平面体上新建平面，如图 10-89 所示。扫码观看视频 10-5。

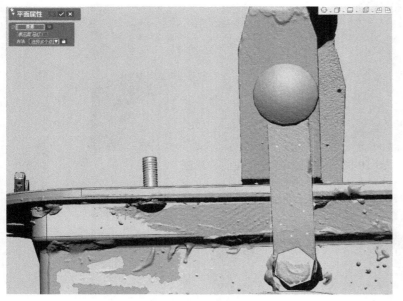

图 10-89　新建平面

视频10-5
马灯逆向设计3

在平面创建面片草图，绘制轮廓线，如图 10-90 所示，进行拉伸，得到如图 10-91 所示实体。

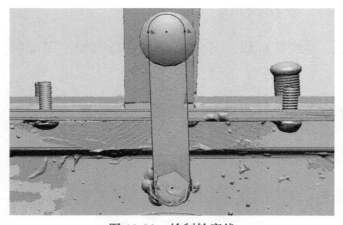

图 10-90　绘制轮廓线

图 10-91　拉伸创建实体

在创建好的实体表面创建草图，轮廓线绘制好后向两端同时拉伸创建特征，如图 10-92 所示。

在特征背面使用【选择多个点】的方法追加平面，并绘制好轮廓线，如图 10-93 所示。

图 10-92　向两端拉伸

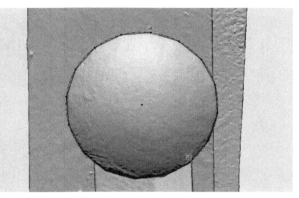

图 10-93　绘制特征轮廓线

　　拉伸创建特征并对特征进行倒圆角，对表面特征使用回转的方式创建圆弧表面，如图 10-94 所示。

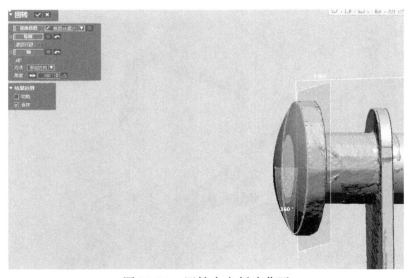

图 10-94　回转命令创建曲面

在顶盖表面创建平面，并以平面创建草图，偏移距离 0.2mm，如图 10-95 所示。使用【直线】【圆弧】等命令完成轮廓线的绘制，如图 10-96 所示。拉伸顶盖处特征，设置拔模角度 70°，如图 10-97 所示。

图 10-95　创建草图

图 10-96　绘制草图轮廓线

图 10-97　拉伸拔模创建实体

在把手下方创建平面，并在平面上创建面片草图，如图 10-98 所示。绘制轮廓线并拉伸创建出实体，如图 10-99 所示。使用同样的方法在另一侧创建实体，如图 10-100 所示。

图 10-98　创建面片草图

图 10-99　实体创建完成

图 10-100　另一侧的实体

在把手处插入领域，使用【回转精灵】命令，选择把手处领域，如图 10-101 所示。

图 10-101　回转精灵

在左侧树中找到回转精灵自动创建的草图，右键编辑，调整草图中轮廓线尺寸至超出把手两端，如图 10-102 所示。

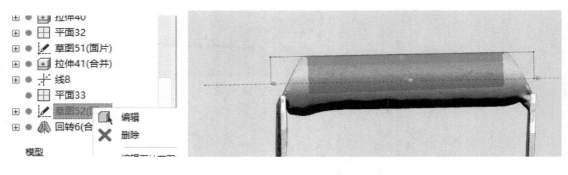

图 10-102　调整草图尺寸

退出草图后，回转体会根据草图的改变而发生变化，如图 10-103 所示。

在把手两侧插入领域，使用【基础曲面】命令，选择领域，在两侧分别创建曲面，如图 10-104 所示。

使用【延伸曲面】，对创建好的两曲面范围进行扩大，如图 10-105 所示。

使用【切割】命令，【工具要素】选择两曲面，【对象体】选择实体模型，如图 10-106 所示。

  逆向建模技术

图 10-103　把手实体变更

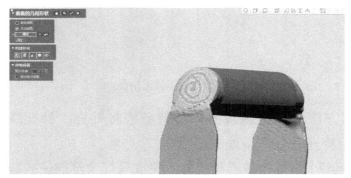

图 10-104　选择领域创建曲面的几何形状

图 10-105　扩大曲面大小

图 10-106　切割

通过在平面创建草图，绘制矩形拉伸切割的方式，对把手处的多余数据进行去除，如图 10-107 所示。

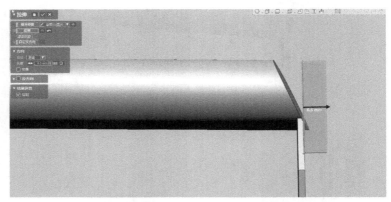
图 10-107　拉伸实体切割把手

使用上述的方法对模型剩余的细节特征进行补充，补充顶盖处残余细节，如图 10-108 所示补充马灯灯口处的凹槽。

使用【布尔运算】命令合并所有实体，完成马灯全部的逆向建模，如图 10-109 所示。

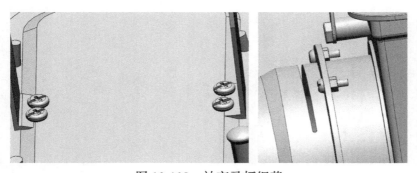
图 10-108　补充马灯细节

图 10-109　马灯逆向建
模完成

3. 偏差分析

在【Accuracy Analyzer（TM）】面板的【类型】选项组中选择【体偏差】，结果如图 10-110 所示。

4. 输出文件

在菜单栏中单击【文件】—【输出】按钮，选择零件为输出要素，然后单击【确定】按钮，选择文件的保存格式为 stp，将文件命名为"马灯"，最后单击【保存】按钮。

图 10-110　马灯体偏差分析

 # 评价反馈

逆向建模完成后，根据完成情况，对模型进行评价反馈，见表 10-1。

表10-1　马灯模型逆向建模评价反馈

任务	马灯模型逆向建模			日期		图例				
班级				姓名						
序号	考核项目	分值		考核内容	考核标准		学生自评	学生互评	教师评价	得分
		配分	考点				30%	30%	40%	
1	数据采集	20	1	扫描策略的制定	获得完整模型数据，视完成情况扣 5～20 分					
2	数据修复	10	1	模型补洞、修复	把模型修复完整，视完成情况扣 1～10 分					
3	坐标系	5	1	正确对齐坐标系	坐标对齐，视完成情况扣 1～5 分					
4	领域组	10	1	领域组划分	正确设置参数，完整划分领域组，视完成情况扣 1～10 分					

5	草图绘制	10	1	创建新的参考平面	正确创建参考平面，完成全部特征草图的绘制，视完成情况扣 1～10 分				
6	拉伸	30	1	实体拉伸（主体，前、后端等）	正确完成拉伸，视完成情况扣 5～30 分				
7	倒角	5	1	使用倒圆角命令	正确倒角，视完成情况扣 1～5 分				
8	其他	10	1	积极参与小组讨论，认真思考分析问题	不参加小组讨论，有抄图现象的扣 1～5 分				
			2	遵守安全操作规程，操作现场整洁	不遵守安全规程，现场不整洁的扣 1～5 分				
	合计	100							
				签字					

教师评价

教师：＿＿＿＿＿＿

日期：＿＿＿＿＿＿

思考与练习

1. 马灯上的小螺钉如何做出螺纹实体？
2. 是否有更简便的方法可以对马灯主体进行建模？

拓展实例

参考如上步骤，尝试做一个家用烧水壶（图 10-111）吧。

图 10-111　家用烧水壶

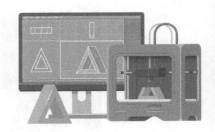

参考文献

［1］王嘉，田芳. 逆向设计与3D打印案例教程［M］. 北京：机械工业出版社，2020.

［2］陈雪芳，孙春华. 逆向工程与快速成型技术应用［M］. 北京：机械工业出版社，2021.

［3］李克骄. 逆向建模技术应用教程Geomagic Design X［M］. 天津：天津科学技术出版社，2018.

［4］杨晓雪，闫学文. Geomagic Design X三维建模案例教程［M］. 北京：机械工业出版社，2016.